定格超圖解，不甜不膩の
手作日式甜點

高根幸子・宇佐美桂子 著

手作日式甜點之「壹」

——— 21

手作日式甜點之「貳」
63

手作日式甜點之「參」
87

〔關於本書〕
· 使用微波爐、烤箱加熱時，不同的機種，溫度等條件也會不一樣，請視實際狀況調整加熱時間。
· 白玉粉或葛粉等材料，粉末的狀態也會因產地或製造商的不同而有些許的差異，請參考食譜內容適度調整水的分量或加熱的時間。
· 直接用雙手處理熱騰騰的材料時，請務必特別小心，別燙傷了。
· 若你是利用市售的內餡製作日式甜點，請盡量在同一間店購買。使用的內餡若品質較一致，成功率不但比較高，也比較容易掌握製作上的技巧。
· 材料表當中「～」的記號，是表示讀者在製作前，必須依據材料的狀態等條件，微調應準備的分量。

手作日式甜點の入門「壹貳參」，從製作「內餡」開始……。

高根幸子
曾在西式糕點店擔任甜點師，也曾在和果子教室當過助手的工作。離開和果子教室後，便自行獨立創業，在業界一直是以對和果子之美的堅持，以及成熟細緻的技巧而大獲好評。

雖然日式甜點一直都相當受歡迎，但大多數的人仍舊認為這是「買回家吃的點心」。

在料理教室上課時，我們總是對學員們說：「現在就先從煮紅豆開始吧」。

剛煮好的紅豆，那清新美味的口感，是只要品嚐過一次便難以忘懷的美味。而自己熬煮的「內餡」可以自行調整甜度，和一般市售的甜膩內餡也有著截然不同的風味。置身於充滿紅豆香氣的房間，看著鍋中小火慢煮的紅豆，彷彿時間流逝也跟著慢了下來。像這樣能讓人感到心情放鬆，我認為是煮紅豆的魅力之一。

煮出不甜不膩的紅豆餡後，除了可以直接品嚐，也可以用來搭配白玉粉類所做成的日式經典美味，或作成紅豆湯、蕨餅等小點心。我希望大家透過本書不但能夠品嚐到自製甜點的美味，也能充分地享受到自己動手做的樂趣。

我在此特別想推薦的是夏季和風甜點。像葛餅或涼蕨餅這類點心，剛做好時的味道最棒了。若各位有機會自己做來吃，一定能感受到手作點心的美味及樂趣。

「和菓子のいろは」（壹貳參和果子工坊）是高根小姐與宇佐美小姐所共同創立的日式甜點工坊。是一家以製作讓人能在生活中，隨時感受季節更迭的和果子為發想，而開設小班制日式甜點教室。兩人目前也為雜誌撰寫固定連載的專欄。

「內餡」是製作甜點的基礎，我們所製作的紅豆餡，是將煮好的紅豆在蜜汁中浸泡一晚，隔天再拌煮而成。雖然手續繁瑣又花時間，但也因此能夠做出十分美味的內餡。

本書中的內餡是以 200 克的紅豆製作，這是一般家庭最容易製作的分量。最好選用國產的紅豆，市售的紅豆買回家之後通常不能保存太久，所以要在完全乾掉之前盡快使用完畢，這點非常重要。因為製作日式甜點的主要材料非常地單純，所以材料的好壞會直接影響到成品的味道。因此，要更慎重地挑選葛粉或白玉粉等各類食材，做出比市面上販售更好吃的成品，也是製作點心的樂趣。

本書第「壹」章，主要是以材料的型態做為分類標準，講解和風甜點的製作過程；第「貳」章，是介紹可搭配不同時節享用、或是一些較為常見的日式甜點作法；第「參」章，則是以適合用於招待客人或當成茶會點心的日式甜點為主，本書就是以此種分類方式，介紹各種點心的製作流程。

現在，就請先從煮紅豆製作「內餡」開始，接著再試著挑戰喜歡或有興趣的和果子。希望各位透過本書，能夠更喜歡日式和風點心。

宇佐美桂子
曾擔任過和果子教室的助理及講師，並在離職後自行獨立創業。在業界以教學條理分明、易於理解而相當受到歡迎。著作有《冰冰涼涼的日式和果子》（合著：金塚晴子，家之光協會出版）。

製作日式甜點的必備工具

製作日式甜點會需要用到一些較少見的特殊器具。
即使是家裡現有的工具，為配合甜點的製作，
在挑選及使用上都有特定的要求。

〔基本工具〕

量匙
製作和果子最基本的，就是要正確地計量材料的分量。若同時備有大匙（15cc）、小匙（5cc）、1/2 小匙（2.5cc）會十分方便。

量杯
選有刻度、附手把且重量輕的，較便於使用。

料理秤
在計量各項材料的分量，或製作球狀內餡及均分外皮麵團時不可或缺的工具。

耐熱玻璃碗（大、中、小）
用以微波爐加熱內餡或外皮的麵團，使用耐熱的玻璃材質比較不容易焦黑。

不鏽鋼平盤（大、中、小）
將內餡鋪平冷卻或放入冰箱冷藏時會使用到的器具。尺寸較大的平盤，大小約30X40cm，在鋪平製作外皮的麵團時也會用到。

棉質紗布
紗布的用途很多，無論是製作豆泥、預防外皮乾燥、蓋蒸籠、瀝乾水分都會使用到，所以最好準備多條備用。

不鏽鋼碗（大、中）
靜置內餡時，為了盡量不讓水滿出來，至少要準備的尺寸為直徑 30cm 以上、容量為 4 公升的不鏽鋼碗。

濾杓
在煮豆子或融化寒天時，可撈除浮沫，十分方便。

打蛋器
要選擇圓頭狀且鋼絲間隙較細的較易打發。使用時請依碗的大小，調整放入材料的分量。

木製刮刀、橡膠刮刀
可準備配合不同用途的各式刮刀。

塑膠三角刮板
雖然不算是製作日式點心的專用工具，但因為尖端又薄又硬，在切割或是刮起外皮時很好用。通常在一般的大賣場就買得到。

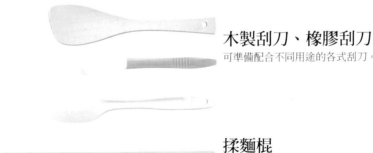

揉麵棍
用於揉製外皮。選擇長度 40cm 以上的揉麵棍較便於使用。

〔加熱用的工具〕

雪平鍋（大、小）
由於熬煮時可能會需要在鍋中施力攪拌，因此要選擇鍋子有固定把手的單手鍋。最好可以備有一大一小。

單柄圓底鍋
熬煮內餡時，常會利用刮刀攪拌鍋內材料，因此最好選用底部呈圓形的鍋具，比較方便攪拌。

平底鍋
在將葛粉隔水加熱時，平底鍋會是非常好用的工具。最好選用雪平鍋可置入的大小。

銅鍋
熬煮內餡最好選擇導熱性較好的銅製鍋。因其加熱後不易冷卻，所以熬煮時內餡也能更均勻地受熱。

蒸籠
不鏽鋼製的二段式方型蒸籠較便於使用。這類型的蒸籠可以在下方的鍋子先放入熱水方便預熱，要額外添加熱水時也很方便。

電烤盤
常用於烘烤銅鑼燒之類的麵團，是製作日式甜點時很常用的工具。由於容易調節溫度，在烤盤上烘烤時也能更均勻地受熱。

〔過濾、過篩的工具〕

篩網
一般用於過篩。不鏽鋼製的篩網不但堅固耐用又容易清洗，維持清潔會比較容易保存。

麵粉篩
主要用於低筋麵粉或蕎麥粉等粉類的過篩。在經過雙層網眼過篩後，撒下的麵粉粉質較細且蓬鬆，製作出來的糕餅會更蓬鬆可口。

濾茶器
主要用在蛋黃或抹茶這類容易結塊的材料。由於處理的是不能碰水的材料，一旦沾水後短時間便無法使用，所以最好多準備幾個備用。完成成品前要撒上黃豆粉之類的粉體時也會用得到。

篩網（密網）
製作豆泥餡時要使用網眼較小的篩網。直徑 24cm 約可放入一隻手的篩網較便於使用。

附柄濾網
這是一種附掛勾可以架在碗上或鍋子上的濾網，通常用於過濾紅豆或餡料。用來過篩上白糖也非常方便好用。

錐形濾網
主要用於過濾寒天液等液體類的材料。由於網眼較細，且為倒圓錐形，可以徹底濾除水分。

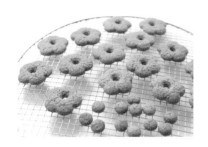

〔用於塑形或裝飾的工具〕

塑形盤（大、小）

製作水羊羹或青柚子羹這類點心時，要利用塑形盤將寒天等材料冷卻固定。此種塑形盤為雙層構造且底部可直接拆卸，操作起來非常容易。

金團專用篩網

用於要練切的外皮麵團，可以壓擠成條狀或顆粒狀。在使用上會因素材或網眼的粗細而有不同用途。（詳情請參考 P95）

蛋糕刀

在切割蒸的甜點或長崎蜂蜜蛋糕之類的成品時的專用刀。刀身既薄且長，可以完美地直接切割成品。

四方圈

沒有底部，四邊為不鏽鋼製。鋪上烘焙墊後，可用來製作「浮島」（P50）等蒸的甜點。

毛刷、筆刷

毛刷是用來刷掉外皮上沾到的多餘粉末。筆刷則是用來沾取溶解的色素，為甜點上色。

三角棒

三角柱形狀的木製棒子，製作練切或桃山等樣式時，可用來雕刻花樣。棒子的角分為尖角或有雙線槽的角等。

拌餡棒

挖取餡料包入外皮時使用。大多為不鏽鋼製，依用途選擇適用的粗細即可。

尺

製作羊羹或「浮島」等點心時，常需要將半成品分割為均等的大小，這時可用尺進行測量。為保持整潔，要選擇容易清洗的材質。

噴霧瓶

為了達到保濕的效果，通常會在蒸煮前，朝饅頭或蒸籠內的白報紙噴上水分，噴霧瓶就會派上用場。購買時，最好選擇可噴灑大量極細水霧的噴頭。

純棉紗布巾

純棉製，專門用於製作栗子茶巾凍或揉製練切外皮的薄布巾。用在成品上，可壓出細緻的皺摺達到美化的效果。

白報紙

製作「蛋黃時雨」或「山藥饅頭」等的蒸籠紙。通常是以再生紙或白報紙的形式販售。

〔好用的輔助工具〕

研磨缽、研磨木棒

製作「山藥饅頭」時，研磨日本山藥時會用得到。研磨缽要選擇凹槽較深、底座較穩固的缽體；研磨棒則選擇長度為缽的直徑 2 倍的木棒為佳。

湯杓

除了在舀取水羊羹液等材料到塑形盤時會派上用場，製作紅豆泥時也可以利用杓子的底部壓碎紅豆。

刨絲器（大、小）

大的刨絲器是用在處理日本山藥之類的材料；小的則是用於處理柚子這類材料。最好選擇網眼較細的刨絲器。

平鏟

在烘烤外皮時使用。可以選用電烤盤專用或樹脂加工的耐熱鍋鏟。

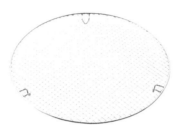

圓形網架

剛從烤箱出爐或是剛蒸好的甜點，可將其排列在網架上等待冷卻。

深型碗

深度較深的碗，在過濾豆泥時能有效避免水分溢出。

深型平盤

若備有深型平盤，只要盤中放入冷水或冰塊，再將盛裝水羊羹的塑形盤放入平盤中浸泡，就能更快地冷卻成形。

料理用噴槍

製作栗子茶巾這類要在表面燒烤上色的點心時會派上用場。可以調節火力大小。在點心的表面略微炙燒，可以幫點心上色並增添香氣。

手持式攪拌器

製作「浮島」的麵團、打發蛋白霜、混合及攪拌麵團材料時，非常方便好用的器具。

精密電子秤

若備有最低可量測 0.1 克的精密電子秤，在計量小蘇打粉、抹茶粉、泡打粉等粉狀物時，少量也可正確計量。

押壽司模具

用於製作押壽司的木製模具，可以用來製作「乾果子」。內部鋪上烘焙紙，再放入外皮，用蓋子加壓以固定形狀。

前置作業準備好，
就是做出漂亮日式甜點的 6 大關鍵！

製作日式甜點，

其實從事前的

準備工作就已經開始。

若能在製作前，備齊所有工具，

並做好材料的前置作業，

那麼，在製作甜點時就不會手忙腳亂。

出錯的機率相對降低，成品自然也會較出色。

接下來我們示範 6 項最重要的前置工作，

並提醒大家準備時的訣竅，

也會說明這些準備工作的用意為何。

1. 粉類材料要事先過篩！

日式甜點在製作時會使用到各種粉類製品。在混合之前若能事先用濾網過篩處理，並把結塊的粉塊打散使粉末之間能夠蓬鬆，麵團也會製作更順利。

用於添加甜味的上白糖與三溫糖，有時也會結成小塊，所以必須要先過篩再使用。另外，若想將片栗粉（日本太白粉）、小麥麵粉及黃豆粉等粉末均勻地撒在平盤上時，也要先以過篩的方式處理。

2. 食材過篩口感更滑順！

蛋黃要過篩後再使用。抹茶粉因為很容易結塊，所以要先加水溶解再過篩，接著抹茶攪拌至滑順狀態，這麼做有助於將抹茶粉均勻地拌入麵團中。若只是要少量使用，可使用網眼較細密且附有把手容易握持的濾茶器。

3. 內餡要平均分為球狀！

將內餡均分為球狀，是製作甜點的前置作業中最基本的程序。事先將要包入外皮的內餡，依食譜的指示確實量好重量並平均分配，再將餡料揉成球狀。至於硬度則需配合要製作的日式甜點來調整。若揉成球狀後覺得硬度不夠，可以放在廚房紙巾上去除水分。

4. 蒸籠鋪吸水性強的紗布！

若製作的日式甜點需用到蒸籠，事先算好時間預熱蒸籠備用，這很重要。為預防之後在蒸煮時，蒸氣化為水滴滴在點心上，可以事先用吸水性強的布巾將蓋子整個包起來。上層的蒸籠則可事先鋪放蒸煮和果子所需的紗布、白報紙或是烘焙紙備用。

5. 烘焙紙事先裁好鋪平備用！

烘焙紙要事先裁成合適的大小，並鋪入製作「浮島」（見P50）或「蒸羊羹」（見P80）時會用到的四方圈器皿，或是製作乾果子的壓模內。最好取二張烘焙紙以十字的方式交疊鋪放，會較為方便取出。

6. 浸泡寒天條，撕成小塊備用！

製作日式甜點首推古早味的「寒天條」。雖然各家業者標示的浸泡時間不一，若不清楚浸泡的時間，浸泡一整晚就絕對不會有問題。將寒天條泡軟且當顏色轉為乳白色後，再撕成小塊即可使用。

顆粒狀紅豆餡

內餡保留紅豆粒粒分明的口感，不但是最具代表性，也是最適合新手第一次烹煮的餡料。

先將洗淨的紅豆放在糖蜜中浸泡一整晚，再熬煮出來的餡料真是美味無比。

◆材料（成品約 650g）

紅豆	200g
細砂糖	150g
紅糖	60g
水麥芽	20g
水	適量

◆使用工具

煮鍋、濾網、木製刮刀、橡膠刮刀、雪平鍋（直徑18cm）、單柄圓底鍋（直徑20cm）、不鏽鋼盆、紙鍋內蓋、紗布、平盤。

製作要點 point

＊水量要依據鍋子的大小調整。至於煮紅豆所需的水量，請依紅豆的高度調整。

＊砂糖及水麥芽的用量，以及內餡成品的硬度，都要因應甜點的類型做適當調整。（請參考 P15 頁說明）

＊剛做好的內餡，要靜置一日使整體味道會互相融合，餡料的狀態會更好。

＊紅豆請盡早用完。就算是購買新鮮的紅豆，但是不同的紅豆，最適合的烹煮時間及澀味釋出時機仍會有所差異。因此，請仔細觀察紅豆烹煮時的狀態。

◆作法

煮紅豆的方法

1

紅豆洗淨後放進單柄圓底鍋內，加入 500cc 的水開大火烹煮，煮滾後再繼續熬煮 3 分鐘左右。

2

當紅豆煮到全都浮起並於表面出現皺摺，加入冷水（此動作稱為點水），使溫度降到50℃以下。等到水再次沸騰，再加一次冷水，同樣的動作要重複 2 次。

＊點水用的水要準備 800cc 以上，並分 2 次加入。

＊點水的用意，是透過加冷水讓鍋中溫度急速下降，使豆子易於吸收水分，而這麼做也能讓豆子更均勻地受熱，更快地煮熟。

3

在沸騰的狀態下將紅豆煮到外皮完全膨脹沒有皺摺，湯汁也變成混濁的紅色之後，把整鍋紅豆倒到濾網上，把湯汁濾掉、瀝乾。

＊湯汁的顏色及沸騰的時間，會因紅豆的狀態而有所不同。

4

把紅豆放在水龍頭下清洗（去澀）。

＊紅豆的外皮裡含有有丹寧等物質，不但是苦味及澀味的來源，也會影響餡料的風味，所以要在煮熟後透過清水沖洗，以去除苦澀味。這個動作就稱為「去澀」或「脫澀」。

5

在鍋中加入 600cc 的水，再把紅豆倒回鍋中開火煮沸。一旦沸騰之後就將爐火調到紅豆會在鍋中輕輕翻滾的火候，繼續煮 20～30 分鐘。在這當中若水位低於紅豆，則再加入冷水到蓋住紅豆為止，約加水 2～3 次。

6

用木匙挑幾顆紅豆確認狀態，必須要煮到能散發出香氣，並可以用手壓扁的程度。

7

繼續熬煮紅豆時，為免紅豆翻滾出鍋外，可以在上方鋪上烘焙紙做成的鍋內蓋，並以小火再煮個 20～30 分鐘。當中若水位低於紅豆則加入冷水以蓋過紅豆。

＊再次繼續熬煮是要連外皮都煮軟。

蜜漬紅豆

8

紅豆煮好之後先蓋上鍋蓋稍微燜一下。之後，再將鍋中剩餘的水倒掉。

＊湯汁沒有完全倒乾淨也沒關係，可以把完全煮透的紅豆，倒到鋪好紗布的濾網上過濾水分後，再把紅豆倒回鍋中。

9

另在雪平鍋中加入細砂糖、紅糖以及 200cc 的水，開火煮到沸騰後便完成糖水的製作。

10

把步驟 8 中已過濾湯汁的紅豆，倒入步驟 9 做好的糖水中，再次煮到沸騰。

11

將煮好的紅豆糖水倒入不鏽鋼盆裡，靜置一晚。

＊夏季時請先放涼再放入冰箱冷藏，以免腐壞。

紅豆顆粒內餡的作法

12

隔天將紅豆糖水移入鍋中，開火煮沸後關掉爐火。用濾網把糖水濾出，和紅豆分離。

13

將過濾出的糖水再次加熱，熬煮到糖水出現光澤為止。

14

將剛才分離出的紅豆倒回糖水鍋內加熱，一邊攪拌一邊注意別壓破紅豆。

15

用刮刀舀起紅豆，若顆粒狀的紅豆餡以成塊的方式回流鍋中，就關掉爐火將水麥芽拌入餡料中使其充分溶解。

16

分成數小堆置於平盤上放涼。

＊視季節或內餡的狀態，將紗布用水沾濕擰乾後，蓋在盤子上以防內餡過於乾燥。

須當天使用紅豆餡的作法

若是要直接加入砂糖熬煮而非將紅豆醃漬一晚，則是在步驟 7 煮好紅豆之後，當鍋中的水煮到快滿出來時，先加入一半的砂糖，然後轉為中大火，用刮刀持續攪拌來融化砂糖，之後再將剩餘的砂糖加入鍋中，並一邊熬煮一邊攪拌以避免燒焦。煮到合意的濃稠度時，就關掉爐火並加入水麥芽拌勻後放涼。

綿密紅豆泥

需要花點工夫，除掉外皮的紅豆泥，呈現口感高雅滑順。

◆材料（成品約 500g）

紅豆	200g
細砂糖	170g
水麥芽	17g
水	適量

◆使用工具

煮鍋、濾網、木製刮刀、橡膠刮刀、雪平鍋（直徑18cm）或單柄圓底鍋（直徑 20cm）、不鏽鋼盆（2個大型碗、中型碗及深型碗各 1）、篩網（網眼較細的）、湯杓、紗布、平盤。

製作要點 point

* 相較於剛做好的內餡，靜置一日過後的內餡，整體的味道會互相融合，餡的狀態會更好。
* 生餡容易壞，最好在煮好的當天就做成紅豆泥。

◆作法

煮紅豆的方法

1

紅豆洗淨後放入鍋內，加入500cc 的水並以大火烹煮，煮滾後再繼續熬煮 3 分鐘左右。

2

當紅豆煮到全都浮起並於表面出現皺摺，加入冷水（此動作稱為點水），使溫度降到50℃以下。等到水再次沸騰，便再加一次冷水，同樣的動作要重複 2 次。

＊點水用的水要準備 800cc 以上，並分 2 次加入。
＊點水的用意是透過加冷水讓鍋中溫度急速下降的方式，使豆子易於吸收水分，也能讓豆子更均勻地受熱，更快地煮熟。

3

在沸騰的狀態下，將紅豆煮到外皮完全膨脹沒有皺摺，湯汁也變成混濁的紅色之後，把整鍋紅豆倒到濾網上，再把湯汁濾掉。

＊紅豆的外皮裡含有丹寧等物質，會影響餡料的風味，所以要在煮過後用清水沖洗去除苦澀味。

4

在鍋中加入 600cc 的水，再把紅豆倒回鍋中開火煮沸。一旦沸騰之後就將爐火調到紅豆會在鍋中輕輕翻滾的火候，繼續煮 30～40 分鐘。在這當中若水位低於紅豆，則再加入冷水到蓋住紅豆，約加水 2～3次。紅豆必須要煮到散發出香氣，並能用手壓扁的程度。

如何取得生餡（尚未加糖）（成品約 330g）

5

直接在鍋中用湯杓，壓碎煮好的紅豆。

6

濾網架在鋼盆上,再將步驟 5 的成品倒在濾網上,一邊加水一邊用手把紅豆捏碎,過濾紅豆的外皮,只保留紅豆仁。

＊過濾到鋼盆裡的紅豆仁,即為紅豆泥。

7

在鋼盆內架上細篩網,將步驟 6 的紅豆泥倒入篩網中,一邊加水一邊用手小心地過濾紅豆仁,進一步將較細碎的紅豆皮去除。

8

注入大量的水並和鋼盆裡的豆仁充分混合後,放置一段時間,待紅豆仁沉澱完畢後,先將上方的水倒掉,再把紅豆仁倒入細篩網裡過濾。

9

再次注入大量的水和鋼盆裡的豆仁充分混合後,放置一段時間,待紅豆仁沉澱完畢後,再將上方的水倒掉。相同的動作要重複 3～4 次,直到水完全乾淨清透為止。

＊紅豆仁一定要完全沉澱才能將水倒掉。

＊這個動作要一直做到水完全乾淨清透為止,至於要做幾次,必須視鋼盆的大小(水量)而定。

＊澱粉在冷水中較易沉澱,夏季時最好使用冷水。

8

一旦水變得乾淨清透,就將上方四分之三的水倒掉,並倒入事先已套上紗布的濾網。接下來用雙手將包裹紅豆的紗布用力擰乾,完全去除水分後再倒回鋼盆內。

＊可以利用全身的重量將水分徹底壓出。

＊最後留下的即為生餡。

11

在鍋中放入水(120cc)並加熱到沸騰,再加入細砂糖攪拌使其溶解。

12

將步驟 10 取得的紅豆生餡倒入步驟 11 的鍋子裡,轉為中大火,一邊熬煮一邊攪拌以避免燒焦。

＊若水分不足則加入少許的水,使鍋內的紅豆泥能夠充分加熱。

＊內餡經過充分加熱,口感會更好並散發光澤。

13

將內餡煮到若用刮刀舀起落下時會像山一樣堆疊的硬度,就可以關掉爐火,將水麥芽倒入並和紅豆泥充分地攪拌混合。

＊利用餡料的熱度軟化水麥芽。

14

鍋邊上若有乾掉的紅豆泥,可以利用刮刀將其與鍋中的紅豆泥拌在一起並充分混合。

＊若紅豆泥還是很軟,可以將紅豆泥壓到鍋邊靜置一段時間,使水分蒸發。

15

分成數小堆置於平盤上放涼。

區別內餡的硬度

製作內餡時,砂糖、水麥芽的分量以及內餡硬度等,必須依據甜點的種類做調整。一般而言,製作蕨餅或求肥這類外皮較軟的點心,會選用較軟的內餡;若是練切類的和果子,則會選用較硬的內餡。

偏軟　正常硬度　偏硬

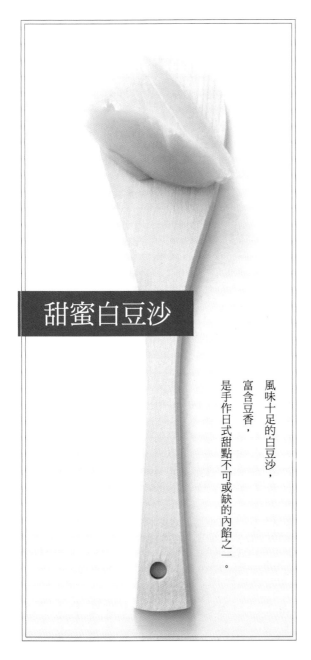

甜蜜白豆沙

風味十足的白豆沙，
富含豆香，
是手作日式甜點不可或缺的內餡之一。

◆材料（成品約 **450g**）

白豆 ——————— 200g
細砂糖 —————— 150g
水 —————————— 適量

◆使用工具

煮鍋、濾網、木製刮刀、橡膠刮刀、雪平鍋（直徑18cm）或單柄圓底鍋（直徑 20cm）、湯杓、不鏽鋼盆（2 個大型碗、中型碗及深型碗各 1）、篩網（網眼較細的）、紗布、平盤。

製作要點 point ❀

* 相較於剛做好的內餡，靜置一日過後的內餡，整體的味道會互相融合，餡的狀態會更好。
* 砂糖的用量以及內餡成品的硬度，必須要因應甜點類型進行適當的調整。（請參考 P15 頁的說明）。
* 生餡容易壞，最好在煮好的當天就做成白豆沙。
* 即便購買的都是新鮮生豆，不同生豆的適合烹煮時間及澀味釋出的時機仍會有所差異，因此在熬煮時請仔細觀察白豆的烹煮狀態。

◆作法

煮白豆的方法

1

白豆洗淨後加入大量的水浸泡一晚。將浸泡過的白豆倒到濾網上濾除水分後放入鍋內，加入 600cc 的水用大火烹煮，煮滾後再熬煮 3 分鐘。

2

之後加水使溫度降到 50℃ 以下。若再次沸騰則再加水，同樣的動作要重複 2 次。
＊點水用的水要準備 800cc 以上，並分 2 次加入。
＊點水的用意是透過加冷水讓鍋中溫度急速下降的方式，使豆子易於吸收水分，而這麼做也能讓豆子更均勻地受熱，更快地煮熟。

3

在沸騰狀態下再煮一陣子後，就可以把豆子倒到濾網上濾除水分，接著再放到水龍頭下沖洗（去澀）。

4

在鍋中加入 700cc 的水，再把豆子倒回鍋中開火煮沸。一旦沸騰之後就將爐火調到豆子會在鍋中輕輕翻滾的火候，繼續煮 30～40 分鐘。在這當中若水位低於豆子，則再加入冷水到淹過豆子，約加水 2～3 次即可。

5

白豆必須要煮到散發出香氣，並能用手壓扁的程度。

取得生餡（成品約 300g）

6

直接在鍋中用湯杓壓碎煮好的白豆。

7

把濾網架在鋼盆上。然後把步驟 6 的成品全都倒在濾網上，一邊加水一邊用手壓碎豆子，以過濾出豆子的肉（豆仁）。接著注入大量的水，靜置一陣子使豆仁沉澱，然後再把上方的水倒掉。

＊過濾到鋼盆裡的豆仁，即為豆沙餡。

8

把細篩網架在鋼碗上，然後把步驟 7 的成品倒在濾網上，一邊慢慢地加入少量的水一邊用手仔細地過濾豆仁，並將細碎的豆皮去除。接著再注入大量的水，和鋼盆裡的豆仁充分混合攪拌後，靜置一段時間。待豆仁沉澱完畢之後，將上方的水倒掉，再次倒入細篩網裡過濾。

9

然後，再次注入大量的水並和鋼盆裡的豆仁充分混合攪拌後，放置一段時間。待豆仁沉澱完畢之後，將上方的水倒掉。相同的動作要重複 3～4 次，直到水完全乾淨清透為止。

＊豆仁一定要完全沉澱才能將水倒掉。
＊這個動作要一直做到水完全乾淨清透為止，至於要做幾次，必須視鋼盆的大小（水量）而定。
＊澱粉在冷水中較易沉澱，夏季時最好使用冷水。

10

一旦水變得乾淨清透後，就將上方四分之三的水倒掉，並倒在先前已套上紗布的濾網上。

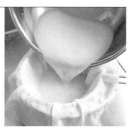

11

接下來用雙手將包裹豆仁的紗布用力擰乾，完全去除水分後再倒回碗內。

＊可以利用全身的重量將水分徹底壓出。
＊最後留下的即為生餡。

白豆沙的作法

12

先在鍋中放入水（80cc）並開火加熱，沸騰後加入細砂糖攪拌至溶解，最後再放入步驟 11 的生餡。

13

爐火轉為中大火，一邊熬煮一邊攪拌以避免燒焦。

＊若水分不足則加入少許的水，使鍋內的豆泥可充分均勻加熱。
＊內餡經過加熱後，口感會更好並散發光澤。

14

將白豆沙熬煮到用刮刀從鍋中舀起後，落下時會像山一樣地層層堆疊，即為正確的硬度。

15

關掉爐火，把白豆沙壓到鍋邊讓多餘的水分蒸發，同時和沾在鍋邊的豆沙充分拌勻。

＊若白豆沙還是很軟，可以將豆泥壓到鍋邊靜置一段時間，使水分蒸發。

16

分成數小堆置於平盤上放涼。

＊視季節或白豆沙的狀態，可以將紗布沾濕擰乾後蓋在盤子上幫助降溫。

蛋黃豆沙餡

以蛋黃滑順的風味及柔和色彩廣受歡迎的餡料

胡桃蛋黃豆沙餡

在蛋黃豆沙餡加入胡桃，為餡料增添口感與香氣

◆材料（成品約 **330g**）

白豆沙（請參考 P16 頁）	300g
白煮蛋的蛋黃（全熟）	1 個半（1 個約 15g）
細砂糖	25g
水	60cc～

◆材料（成品約 **400g**）

蛋黃豆沙餡（請參考左邊食譜）	330g
細砂糖	25g
胡桃	30g
水麥芽	25g
水	80cc～

◆作法

1 把篩網放在平盤上，趁蛋黃還溫熱的時候過篩。接著再將三分之一的白豆沙和卡在篩網上的蛋黃一起過篩到平盤上。用手將已過篩的蛋黃和白豆沙充分攪拌（圖 a）後，再次過篩。

2 在鍋中加水煮到沸騰，放入細砂糖攪拌使其溶解，將剩下的三分之二的白豆沙放入熬煮（圖 b）。當白豆沙煮到不易攪拌時，再加入步驟 1 的蛋黃白豆沙繼續熬煮。

3 將白豆沙熬煮到用刮刀從鍋中舀起後，落下時會像山一樣地層層堆疊，即為正確的硬度。

4 關掉爐火，把餡料壓到鍋邊和沾在鍋邊煮到乾硬的豆沙充分拌勻後，分成數小堆置於平盤上放涼。

＊若餡料仍舊很軟，可以將豆泥壓到鍋邊靜置一段時間，使水分蒸發。

◆前置準備

・將胡桃放入預熱至 150℃的烤箱烘烤到飄出香味後，將胡桃切碎成方便拌入餡料的大小。

◆作法

1 先在鍋中加水煮到沸騰，再放入細砂糖攪拌使其溶解，最後拌入蛋黃豆沙餡熬煮。

＊若太硬不易攪拌，就稍微加一點水，讓餡料軟化到較容易攪拌的狀態。

2 將餡料熬煮到用刮刀從鍋中舀起後，落下時會像山一樣地層層堆疊，即為正確的硬度（圖 a）。

3 加入胡桃碎（圖 b）後繼續攪拌，接下來關掉爐火，拌入水麥芽，利用鍋中的餘熱和餡料攪拌均勻。

4 把餡料壓到鍋邊和沾在鍋邊煮到乾硬的豆沙充分拌勻後，分成數小堆置於平盤上放涼。

＊若餡料仍舊很軟，可以將豆泥壓到鍋邊靜置一段時間，使水分蒸發。

a 蛋黃不容易攪拌均勻，要用手充分揉捏，仔細地攪拌。

b 要是餡料變得較硬，就稍微加一點水，讓餡料軟化到較容易攪拌的狀態。

a 若用刮刀從鍋中舀起後，落下時會像山一樣地層層堆疊，即為正確的硬度。

b 胡桃若切得太大塊，會影響口感，所以要切成適當的大小最佳。

杏桃豆沙餡

酸甜杏桃和白豆沙搭配相得益彰，色彩美麗

◆材料（成品約330g）

白豆沙（請參考P16頁）	300g
細砂糖	5g
杏桃乾（切成5mm的小方塊）	25g
水麥芽	10g
水	70cc～

◆前置準備

· 杏桃乾若太硬，可以把杏桃乾放入耐熱玻璃碗中，再加入差不多淹過杏桃乾的水，然後加熱30秒，再把水倒掉。

◆作法

1　先在鍋中加水煮到沸騰，再放入細砂糖攪拌使其溶解，最後拌入白豆沙熬煮（圖a）。
　　＊若太硬不易攪拌，就稍微加一點水，讓餡料軟化到較容易攪拌的狀態。

2　一邊煮一邊攪拌以避免燒焦，煮到拌起來有些濃稠就加入碎杏桃乾（圖b），再繼續拌煮。將餡料熬煮到用刮刀從鍋中舀起後，落下時會像山一樣地層層堆疊，就關掉爐火，拌入水麥芽，利用鍋中的餘熱和餡料攪拌均勻。

3

4　把餡料壓到鍋邊和沾在鍋邊煮到乾硬的豆沙充分拌勻後，分成數小堆置於平盤上放涼。
　　＊若餡料仍舊很軟，可以將豆泥壓到鍋邊靜置一段時間，使水分蒸發。

a 熬煮時要一邊觀察白豆沙的狀態一邊加水。

b 杏桃乾切成5mm的小方塊，不但較容易和餡料拌在一起，顏色也很漂亮。

地瓜豆沙泥

同時品嚐地瓜與白豆沙的美味，十分受歡迎

◆材料（成品約350g）

地瓜	180g（去皮後的重量）
白豆沙（請參考P16頁）	100g
細砂糖	45g
水麥芽	10g
水	100cc～

◆作法

1　將地瓜去掉厚厚的外皮，切成厚度2cm大小的塊狀，泡水約15分鐘，接著把地瓜上的水分擦乾，放入蒸籠，開大火蒸10～15分鐘，若能用竹籤扎進去就表示蒸熟了。

2　把過篩器放在沾水後擰乾的紗布上，趁地瓜還溫熱時過篩（圖a）。接著把白豆沙和剛過篩的地瓜泥用紗布包起來，充分揉捏成一整塊（圖b）。

3　在鍋中加水煮到沸騰，放入細砂糖攪拌使其溶解，再將步驟2的地瓜白豆沙倒入並充分攪拌。
　　＊若太硬不易攪拌，就稍微加一點水，讓餡料軟化到較容易攪拌的狀態。

4　將餡料熬煮到用刮刀從鍋中舀起後，落下時會像山一樣地層層堆疊，就關掉爐火，拌入水麥芽，利用鍋中的餘熱和餡料攪拌均勻。

5　把餡料壓到鍋邊和沾在鍋邊煮到乾硬的豆沙充分拌勻後，分成數小堆置於平盤上放涼。
　　＊若餡料仍舊很軟，可以將豆泥壓到鍋邊靜置一段時間，使水分蒸發。

a 最好趁地瓜還沒冷掉之前過篩。過篩之後，口感會更溫和滑順。

b 將白豆沙和地瓜泥包起來，從上方下壓並充分揉捏，均勻地拌在一起。

讓日式甜點更加美味的 **3** 大配角

這些搭配傳統日式點心的配角，可以在平日先自製備用。
風味絕佳，又有多種用途，十分便利。

糖水「日本和三盆糖」

蜜漬杏桃

黑糖蜜

紅豆蜜及蕨餅不可或缺的重要配角！

黑糖蜜

◆材料（成品約 **330cc**）

黑糖（若為整塊須事先切碎）	160g
水	200cc

◆作法

1　鍋內放入黑糖及水後開中火，待黑糖溶解並沸騰後轉小火熬煮，若有浮沫要撈起來。（圖 a）。

2　煮到鍋中的糖水剩四分之三時（圖 b），離火放涼。

＊煮過頭很容易成結晶體，要特別注意。

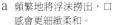

a 頻繁地將浮沫撈出，口感會更細緻柔和。

b 熬煮的狀態可以透過秤重確認重量。

切碎後撒在甜點的表面，增加風味！

蜜漬杏桃

◆材料（成品約 **90cc**）

杏桃乾	30g
細砂糖	25g
水	50g

◆作法

1　在耐熱玻璃碗內放入細砂糖及水充分攪拌溶解後，以微波爐（600w）加熱 1 分鐘製成糖水（圖 a）。

2　在步驟 1 的碗內加入杏桃乾（圖 b），再加熱 30～40 秒使其沸騰，然後放涼。

＊用來做甜點前，要事先瀝乾蜜汁。

a 一開始先溶解細砂糖，製作糖水。

b 加熱的時間要視杏桃乾的硬度進行增減。

高雅的風味，
最適合搭配白玉粉或葛粉所製成的點心！

「日本和三盆糖」糖水

◆材料（成品約 **90cc**）

和三盆糖（事先過篩）	50g
細砂糖	10g
水	40cc

◆作法

1　在耐熱玻璃碗內放入細砂糖及水（圖 a），以微波爐（600w）加熱 1 分鐘。

2　在步驟 1 的碗內拌入和三盆糖，用濾茶器過篩（圖 b）之後放涼。

＊拌入時輕輕攪拌即可，以免失去和三盆糖的香氣。

a 由於分量不多，故只需用微波爐加熱即可。

b 糖水過篩之後，口感會更滑順。

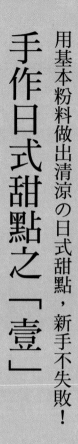

用基本粉料做出清涼の日式甜點，新手不失敗！

手作日式甜點之「壹」

白玉粉、葛粉及蕨粉等，
都是日式甜點特有的粉類。
首先，我們就先從這些粉類所製作
的點心學起吧。
只要記住其中一種點心的做法，
就能夠自行調整味道、
形狀以及呈現出季節感，
做出來的甜點也將更豐富多元。

春之求肥
鶯麻糬
うぐいすもち

「求肥」是指以「白玉粉」製作的甜點通稱，
看上去很像麻糬，但口感比麻糬柔軟。
「鶯麻糬」以溫和的綠色粉末包覆在外、
會讓人聯想到春天萌生的新芽。
外皮的兩端各捏一下
看起來就像一隻小小的樹鶯。

春之求肥 鶯麻糬

◆材料（10 個份）

白玉粉	50g
上白糖	100g
水	100cc
水麥芽	10g
紅豆泥（請參考 P14 頁）	250g
青大豆粉	適量

◆前置準備

- 上白糖事先過篩備用。
- 將紅豆泥均分為 1 個 25g 的球狀內餡備用。
- 將青大豆粉過篩後均勻地撒在平盤上備用。

◆作法

1

在耐熱玻璃碗內倒入白玉粉，加入一半的水，用橡膠刮刀仔細地攪拌避免結塊，一直攪拌至呈膏狀為止。

2

將剩餘的水倒入步驟 1 的碗內以稀釋膏狀物。

3

在碗中加入上白糖，並充分攪拌均勻。

4

放進微波爐加熱（600w）1 分鐘後取出，利用刮刀攪拌使上白糖溶解。

＊放進微波爐加熱時，不需要包保鮮膜。

5

再次放入微波爐加熱（600w）1 分 30 秒後取出，用刮刀將麵團由上而下整個攪拌均勻。

＊過度攪拌反而會使麵團失去筋性，要特別注意。

6

放入微波爐分別加熱 1 分 30 秒及 1 分鐘的時間，每次取出後都要充分攪拌。要一直加熱，直到整個外皮的麵團看起來具光澤及透明感，且攪拌時有筋度才算完成。

＊依據季節或製作當日的氣溫狀況，增減加熱的時間。請觀察外皮麵團的狀態，若筋性不夠，則以 30 秒為單位逐次加熱。

＊用微波爐製作麵團較不易烤焦，最適合用來製作「求肥」的外皮麵團。

7

拌入水麥芽，使其充分溶解在麵團裡。

＊剛開始攪拌，不太容易拌入麵團裡，不過一旦攪拌均勻後，麵團就會恢復到原先有筋性的狀態。

8

將求肥麵團由玻璃碗內取出，放到事先準備好的平盤上。

9

小心不要讓青大豆粉沾到麵團內側，將麵團對折後，在外側撒上青大豆粉。

10

為了更方便分割麵團，單手拿著麵團並放在正中間，在不過度拉扯麵團的狀態下，小心地將麵團均分為 10 等分並放在平盤上。

11

將分好的麵團一個一個小心地放在手上，用毛刷仔細地將麵團上的粉末刷掉。

12

將一個麵團放在左手手掌心，把先前準備好的紅豆泥球置於麵團正中央。

13

接著將左手手掌心翻過來，右手則呈拱形抓住內餡及外皮，然後用左手的大拇指及食指一邊繞圈，一邊用整個外皮包住內餡。

14

用手指將麵團收攏到正中央。

15

把正中央的開口捏緊確實封住。

16

趁麵團還沒冷掉前，將所有的麵團依序包入餡料，在外面撒上青大豆粉，並將形狀調整為橢圓形。

17

整齊地排在平盤上，輕捏兩端，塑形成「樹鶯」。

18

青大豆粉用濾茶器等網眼較細的濾網過篩的同時，均勻地撒在剛塑形的鶯麻糬上。

夏之求肥
あんずもちく
杏桃麻糬

◆材料（**10 個份**）

白玉粉	50g
上白糖	100g
水	100cc
水麥芽	10g
杏桃白豆沙（請參考 P19 頁）	250g
片栗粉（太白粉取代）	適量

◆前置準備

・上白糖要事先過篩備用。
・將杏桃白豆沙均分為 1 個 25g 的球狀內餡備用。
・將片栗粉（太白粉）過篩後均勻地撒在平盤上備用。

◆作法

1　依照「鶯麻糬」的步驟 1～7（請參考 P23 頁）製作求肥外皮的麵團。

2　將求肥麵團由玻璃碗內取出，放到事先準備好的平盤上。小心不要讓片栗粉（日本太白粉）沾到麵團內側，將麵團對折。接著和製作鶯麻糬時相同，將外皮均分為 10 等分。

3　將一個麵團放在左手手掌心，把先前準備好的杏桃白豆沙球置於麵團正中央（圖 a）。接著將左手手掌心翻過來，右手則呈拱形抓住內餡及外皮，然後用左手的大拇指及食指一邊繞圈一邊用整個外皮包住內餡，並用手指將麵團收攏到正中央。最後再把正中央的開口捏緊確實封住。

4　趁麵團還沒冷掉前，將所有的麵團依序包入餡料，調整形狀並刷掉多餘的粉末。

a 杏桃餡的色彩很美，酸味恰到好處，最適合做成夏天的求肥。杏桃豆沙餡球要放在外皮的正中央。

b 用手指將外皮收攏封口後，把封口處朝下，輕輕地滾動一下，以調整形狀。

求肥外皮的做法同鶯麻糬。

在外皮裡包入酸酸甜甜的杏桃豆沙餡，

不論是視覺或口感上，都有種透沁涼的清爽感。

秋之求肥
胡桃麻糬
くるみもち

求肥外皮的做法同「鶯麻糬」。

紅糖的甘甜，

搭配胡桃的堅果香，

是既傳統又熟悉的美味。

◆材料（10 個份）

白玉粉	50g
上白糖	50g
紅糖	50g
水	100cc
胡桃	25g
水麥芽	10g
顆粒狀紅豆餡（請參考 P12 頁）	250g
片栗粉（太白粉取代）	適量

◆前置準備

· 將胡桃放入預熱至 150℃ 的烤箱烘烤到飄出香味後，將胡桃切成小碎塊。

· 上白糖、紅糖事先過篩備用。

· 將顆粒狀紅豆餡均分為 1 個 25g 的球狀內餡備用。

· 將片栗粉（日本太白粉）過篩後，均勻地撒在平盤上備用。

◆作法

1 依照鶯麻糬的步驟 1～7（請參考 P23 頁）製作求肥外皮。將上白糖與紅糖加入麵團（圖 a），充分攪拌使其融化並與麵團拌勻，在鶯麻糬的步驟 5 之後，加入準備好的胡桃碎並攪拌均勻。接著和鶯麻糬的步驟 6、7 一樣進行加熱（圖 b），然後拌入水麥芽。

2 將步驟 1 的求肥麵團由玻璃碗內取出，放到事先準備好的平盤上。小心不要讓片栗粉（太白粉）沾到麵團內側，將麵團對折。接著和製作鶯麻糬時相同，將外皮均分為 10 等分。

3 將一個麵團放在左手手掌心，用毛刷把上面的粉刷掉，接著把球狀的顆粒紅豆餡置於麵團正中央。接著將左手手掌心翻過來，右手則呈拱形抓住內餡及外皮，然後用左手的大拇指及食指一邊繞圈一邊用整個外皮包住內餡，並用手指將麵團收攏到正中央。最後再把正中央的開口捏緊確實封住。

4 趁麵團還沒冷掉前將所有的麵團依序包入餡料，調整形狀並刷掉多餘的粉末。

a 紅糖及上白糖過篩之後再加入，成品口感會更柔滑。

b 加入胡桃後，要一邊觀察麵團的狀態，一邊加熱並攪拌，麵團會愈見透明。

冬之求肥

柚子麻糬

ゆずもち

求肥外皮的做法同「鶯麻糬」。
以黃色的色粉將外皮染成柚子色，
再加入削過的柚子皮，
香氣四溢。

◆材料（**10 個份**）

白玉粉	50g
上白糖	100g
水	100cc
水麥芽	10g
白豆沙（請參考 P16 頁）	250g
柚子	適量
片栗粉（太白粉取代）	適量
色粉（黃色）	少量

◆前置準備

・上白糖要事先過篩備用。
・將白豆沙均分為 1 個 25g 的球狀內餡備用。
・將片栗粉（太白粉）過篩後均勻撒在平盤備用。
・將色粉與少量的水調和備用。

◆作法

1 依照鶯麻糬的步驟 1～7（請參考 P23 頁）製作求肥外皮。將上白糖與色粉溶液加入麵團（圖 a），一邊觀察麵團的狀態，一邊依程序放進微波爐加熱，充份攪拌使其融化並與麵團拌勻，最後再削取適量的柚子皮加入麵團（圖 b）。接著再拌入水麥芽，並確實地和麵團攪拌均勻。

2 將步驟 1 的求肥麵團由玻璃碗內取出，放到事先準備好的平盤上。小心不要讓片栗粉（太白粉）沾到麵團內側，將麵團對折，接著和製作鶯麻糬時相同，將外皮均分為 10 等分。

3 將一個麵團放在左手掌心，用毛刷把上面的粉刷掉，接著把球狀的白豆沙餡置於麵團正中央。接著將左手掌心翻過來，右手則呈拱形抓住內餡及外皮，接著用左手的大拇指及食指一邊繞圈一邊用整個外皮包住內餡，並用手指將麵團收攏到正中央。最後再把正中央的開口捏緊確實封住。

4 趁麵團還沒冷掉前將所有的麵團依序包入餡料，調整形狀並刷掉多餘的粉末。

a 色粉要事先做成溶液，加進麵團時須一邊觀察調色的狀況一點一點地加入，把麵團調成淡淡的柚子色。

b 削取柚子皮加入麵團時，請盡量保留柚子皮的香氣。

蕨餅 （包餡）

わらびもち

最理想的蕨餅，

是外皮和內餡一樣都是軟綿綿的。

由蕨菜根製成的澱粉，

黏性比葛粉強，口感也較彈牙。

然而「本蕨粉」現在已經非常少見，

但若有機會，

請各位務必用本蕨粉來做做看。

涼蕨餅

ひやしわらびもち

做好即呈盤的涼蕨餅，
是最適合用來招待客人的點心。
由於無法久放，
所以製作時要算準上桌的時機。
享用時可以依照個人喜好，
淋上些許和三盆糖糖水，
或撒上一些黃豆粉，
盡情享受這涼爽的美味。

≫作法請參考 P31

蕨餅（包餡）

◆材料（10 個份）

本蕨粉	25g
水	150cc
細砂糖	60g
紅豆泥（偏軟、請參考 P14 頁）	250g
黃豆粉（手粉及呈盤時使用）	適量

◆前置準備

・黃豆事先過篩備用。

・將紅豆泥均分為 1 個 25g 的球狀內餡，並事先放入冰
　箱冷藏備用。（偏軟的紅豆泥，冷藏過後會比較容易
　包入外皮中）

◆作法

1

在小碗內倒入本蕨粉及 50cc
的水，攪拌溶解後，一邊過篩
倒入耐熱玻璃碗內。

2

將剩下的水倒入小碗內，攪拌
並等到碗底剩餘的本蕨粉充分
溶解之後，再過篩倒入耐熱玻
璃碗中。

3

將細砂糖加入本蕨粉溶液攪拌
均勻。

4

包上保鮮膜並放入微波爐
（600w）加熱 1 分鐘，使細
砂糖完全溶解。

＊本蕨粉很容易沉澱，所以一攪拌
　均勻就要立刻放入微波爐加熱。

5

再以微波爐分二次加熱，每次
各 30 秒。每次取出都要充分
攪拌玻璃碗內的溶液，避免本
蕨粉沉澱。

＊用微波爐加熱時要包上保鮮膜。

6

接著再以微波爐分三次加熱，
時間分別為 1 分 30 秒、1 分
30 秒、30 秒，加熱後取出並
充分攪拌。要一直加熱，直到
麵團看起來呈透明且有黏性的
狀態才算完成。

＊要視季節或製作當日的氣溫狀況，觀察麵團的狀態，若筋性不夠，
　則以 30 秒為單位逐次加熱。

7

將麵團由玻璃碗取出，放在事
先撒上黃豆粉的平盤上。

8

小心不要讓黃豆粉沾到麵團內
側，將麵團對折。

涼蕨餅

◆材料（3～4 人份）

本蕨粉	20g
水	140cc
細砂糖	20g
和三盆糖	20g
和三盆糖糖水（請參考 P20 頁）	適量

◆作法

1 在小碗內倒入本蕨粉及三分之一的水，攪拌溶解後，一邊過篩一邊移到耐熱玻璃碗內。剩下的水倒入小碗內，攪拌並等到碗底剩餘的本蕨粉充分溶解之後，再過篩倒入耐熱玻璃碗中。將細砂糖及和三盆糖（圖a）加入本蕨粉溶液攪拌均勻。

2 包上保鮮膜並放入微波爐（600w）加熱 1 分鐘，使細砂糖完全溶解。
　＊本蕨粉易沉澱，所以一攪拌均勻就要立刻放入微波爐加熱。

3 再以微波爐分二次加熱，每次各 30 秒。每次取出都要充分攪拌玻璃碗內的溶液，避免本蕨粉沉澱。

4 接著再加熱 1 分 30 秒，並於取出後充分攪拌。
　＊要視季節或製作當日的氣溫狀況，觀察麵團的狀態，若筋性不夠，就再加熱 30 秒～1 分鐘。
　＊用微波爐加熱時要包上保鮮膜。

5 將步驟 4 的半成品放入事先備好冰塊的碗裡，直接在碗裡將蕨餅撕成數塊，每塊約一口左右的大小（圖 b）。

6 將步驟 5 的成品放到容器中，淋上和三盆糖糖水。

a 在麵團裡加入和三盆糖，風味更佳。

b 將剛做好的蕨餅放到加了冰塊的水裡，能使蕨餅快速冷卻。冷卻後再撕成容易入口的大小。

9

一邊過篩一邊將黃豆粉撒在麵團上，為方便麵團做後續的分割，先靜置一段時間，等麵團降溫。

10

將麵團先分成兩半，並在不過度拉扯麵團的狀態下，依序將麵團均分為 10 等分。

11

取一個麵團放在左手手掌心，用毛刷刷掉麵團上的黃豆粉。

12

把先前準備好的內餡球置於麵團正中央。接著將左手手掌心翻過來，右手則呈拱形抓住內餡及外皮，然後用左手的大拇指及食指一邊繞圈一邊用整個外皮包住內餡。

13

把內餡完全包起來後，將麵團收攏到正中央，把開口捏緊封住。接著調整形狀，然後放在乾淨的盤子上，再將黃豆粉過篩並撒在包好內餡的成品上。

錦玉羹
杏桃茶巾凍
あんずちゃきん

給人透明涼爽感的「錦玉羹」，

是專屬於夏季的日式甜點。

只要懂得運用「茶巾絞」的手法，

不需要特定模具也能做得出來。

由於這道點心在常溫下便能成形，

只要依照食譜的指示製作就能輕鬆快速地製作完成。

也可以依喜好淋上黑糖蜜享用。

錦玉羹 杏桃茶巾凍

◆材料（10 個份、寒天溶液成品約 340g）

寒天條	4g
水	250cc
細砂糖	150g
水麥芽	20g
紅豆泥（偏硬、請參考 P14 頁）	120g
蜜漬杏桃（請參考 P20 頁）	約 10 個

◆前置準備

· 寒天條要先浸泡 8 小時以上，直至轉為乳白色。
· 將紅豆泥均分為 1 個 12g 的球狀內餡備用。
· 將保鮮膜或透明膠膜裁成 18cm 的四方形，並鋪在大口杯之類的容器中備用。
· 準備 10 根封口鐵絲備用。

◆作法

1
將蜜漬杏桃切成小三角形，並在每一個紅豆內餡球上各放上三片備用。

2
將事先浸泡的寒天條取出擰乾後，用手撕成小塊放入鍋中，加水開中火熬煮。

3
用刮刀攪拌鍋中的寒天數次使其溶解，要是煮到沸騰則將爐火調小。

＊若使用刮刀過度攪拌，寒天會不易溶解，這點請特別小心。

4
寒天煮化後，加入細砂糖續煮使其溶解。

5
細砂糖溶解後，就將爐火調成大火使其快速沸騰，並在沸騰後撈取浮沫。

6
關掉爐火，拌入水麥芽使其溶解拌勻。

7
將篩網事先鋪好紗布架在鋼盆上，將步驟 6 的成品倒入鋼盆中。

8
將步驟 7 的鋼盆放入加了水的另一個鋼盆中，使寒天溶液降溫到不再冒出熱氣為止。

＊要特別注意不能過度降溫，否則會完全凝固。

9

將寒天溶液移到量杯容器中，再倒入事先鋪好保鮮膜的容器裡，每一個約盛裝34g。

＊寒天溶液的多寡會依熬煮的狀態而有所不同。

10

靜置一會兒後，將先前準備好的紅豆泥球緩慢小心地放入容器裡。

＊要等到寒天呈現半凝固狀態才能放入內餡。

11

趁容器中的寒天溶液尚未完全凝固前，用茶巾絞的方式收口，並綁上封口鐵絲固定。

＊在尚未完全凝固前收口，就可以做出很漂亮的皺摺。

12

在凝固前先吊掛起來。

＊利用曬衣架將其吊掛的方式凝固，成形後的樣子會比平放要來得更漂亮。

錦玉羹 杏桃錦玉羹
あんずかん

表面帶著水波紋的錦玉羹，

是最適合夏天的待客小點。

使用和杏桃茶巾凍相同的材料，

置入容器中等待成形。

◆**材料（10個份）**

與杏桃茶巾凍相同

◆**前置準備**

・寒天條要先浸泡 8 小時以上，直至轉為乳白色。

・將紅豆泥均分為 1 個 12g 的球狀內餡備用。

・將蜜漬杏桃切成小塊備用。

◆**作法**

1　寒天溶液的作法，請依杏桃茶巾凍的製作步驟 2～8（請參考 P33 頁）。

2　先將模具沖水沾濕，並在模具內倒入寒天溶液至七分滿（圖 a），接著隨意地放入事先備好的蜜漬杏桃（圖 b）、內餡球（圖 c），最後再將剩餘的寒天溶液倒入（圖 d）。

3　凝固之後放入冰箱冷藏。

＊冷藏完畢後要從模中取出時，可利用竹籤之類的物品輔助。取出後先放到器皿上，再依喜好淋上黑糖蜜之類的糖漿。

a 模具沖水沾濕，在模具內倒入寒天溶液至七分滿。

b 用筷子把小塊的蜜漬杏桃隨意放入，並調整擺放位置。

c 把搓成球狀的內餡，放入正中央。

d 將剩餘的寒天溶液倒入，等待凝固即可食用。

水羊羹（紅豆、抹茶）
みずようかん

炎炎夏日，
來一道冰冰涼涼的水羊羹，
頓時暑氣全消。
使用天然的寒天條，
搭配精心調理的餡料，
口感軟 Q 滑順。

紅豆水羊羹

◆材料（15cm×13.5cm×高 4.5cm 的塑形盤 1 個份）

寒天條	4g
水	470cc
細砂糖	130g
紅豆泥（請參考 P14 頁）	350g
本葛粉（木薯粉取代）	8g
水	50cc
鹽	少量

◆前置準備

· 寒天條要先浸泡 8 小時以上，直至轉為乳白色。

◆作法

1

當寒天條浸泡到接近白色，就可以把水擠乾。

2

把寒天條撕成小塊放入鍋中，加入 470cc 的水量，開中火熬煮。

3

煮到沸騰後將爐火調小，中間用刮刀攪拌數次使寒天溶解。

＊若是過度攪拌，寒天會不易溶解，請特別小心。

4

寒天溶解後加入細砂糖煮到融化，若有浮沫記得要撈出。

5

將事先鋪好紗布的篩網架在鋼盆上，再把寒天液倒入鋼盆順便過篩。

6

把寒天溶液倒回鍋中開大火，加入紅豆泥，攪拌直到豆泥充分溶解在寒天溶液中。

7

先將本葛粉（木薯粉）以 50cc 的水溶解，再加入步驟 6 中約 1／2 杯左右的羊羹溶液，充分攪拌混合後倒回鍋中，由鍋底慢慢地往上攪拌，使兩者混合。

8

一沸騰就加鹽並關掉爐火。

抹茶水羊羹

◆材料（15cm×13.5cm×
高 4.5cm 的塑形盤 1 個份）

寒天條	4g
水	450cc
細砂糖	130g
白豆沙（請參考 P16 頁）	350g
本葛粉（可用木薯粉取代）	8g
水	50cc
抹茶粉	6g
熱水	30cc

◆前置準備

・寒天條先浸泡 8 小時以上，直至轉為乳白色。

・抹茶粉過篩後倒入熱水並攪拌均勻，要注意別讓粉末結塊，以濾茶器過篩備用（圖 a）。

◆作法

1　製作寒天溶液的步驟，與紅豆水羊羹作法的步驟 1～5 相同（請參考 P36 頁）。

2　寒天溶液過濾後倒回鍋中，開大火加入白豆沙充分攪拌使其溶解。

3　本葛粉（木薯粉）加入 50cc 的水攪拌均勻，拌入 1／2 杯左右的羊羹液，拌勻後再倒回鍋中。接著由鍋底慢慢地往上攪拌，沸騰後加入先前備好的抹茶液，用打泡器充分攪拌混合後關掉爐火（圖 b）。

4　將步驟 3 的溶液用網眼較細的過篩器過篩後倒入鋼盆裡，接著把鋼盆放在另一個事先準備好的水盆內，用刮刀緩慢地攪拌降溫。

5　當羊羹濃稠到不容易用刮刀拌開時，就慢慢地倒入塑形盤中。常溫下冷卻凝固後，再放入冰箱冷藏。

6　從塑形盤取出，依喜好切割成合適的大小即可。

a 抹茶粉要一點一點地加入熱水溶解。抹茶可以依喜好選用製作甜點專用的抹茶，也可以選擇較淡的薄茶。

b 加入溶於羊羹液的抹茶液後，立刻用打泡器攪拌避免結塊。

9

將步驟 8 的半成品倒入細篩網過濾到鋼盆裡。

10

把鋼盆放在另一個事先準備好的水盆內，用刮刀緩慢地攪拌以降溫。

＊若是在溫熱的狀態下倒入塑形盤，紅豆泥的水分會與餡料分離，變成上下二層，所以要一邊降溫，一邊攪拌到呈濃稠狀為止。

11

當羊羹濃稠到不容易用刮刀拌開時，就可以慢慢地倒入塑形盤中。

12

在常溫下冷卻凝固後，放入冰箱冷藏。冷藏後由塑形盤取出，依喜好切割成合適的大小即可。

＊若將塑形盤放在冰水中，會更快凝固成形。

葛餅

くずもち

必須使用本葛粉製作，

才能品嚐到其高雅獨特的味道與香氣。

由於實在太美味了，

請務必找機會自己動手做，

好好地品嚐這獨特的點心。

≫ 作法請參考 P40

葛櫻水饅頭
くずざくら

使用本葛粉製作出的半透明水饅頭，

隱隱透出的紅豆顆粒內餡，

給人沁涼的涼爽感。

櫻花的葉片，

不但為水饅頭增添一抹香氣，

也使這道小點心更顯典雅。

葛餅

◆材料（14cm×11cm×高 4.5cm 的塑形盤 1 個份）

本葛粉（木薯粉取代）	50g
水	250cc
細砂糖	12g
黑糖蜜	適量
黃豆粉	適量

◆前置準備

・因為要以隔水加熱的方式熬煮，所以要準備一個比熬煮本葛粉的鍋子再大一些的鍋子（如平底鍋），事先加水煮沸。

◆作法

1

在碗裡倒入本葛粉及 2／3 的水攪拌溶解，一邊過篩一邊倒入鍋子裡。

2

將剩下的水倒入碗中，攪拌至碗底剩餘的本葛粉充分溶解後，倒入鍋內並加細砂糖。

3

將事先準備用於隔水加熱的底鍋開中火加熱，再把步驟 2 的鍋子放入，並用刮刀攪拌均勻。煮一段時間後，葛粉溶液會煮成有如蒟蒻的塊狀物。

4

煮到鍋中葛粉溶液都結成小塊後，先將鍋子由底鍋取出，然後用力攪拌，把鍋中結成的小塊攪拌成滑順半透明糊狀物。

5

再次把鍋子放到底鍋裡繼續熬煮。由鍋底往上充分攪拌均勻，煮到整鍋的麵團都呈透明狀，並具彈性及黏性為止，然後將鍋子從底鍋拿出。

6

把麵團倒入事先以水沾濕的塑形盤內，以沾濕的手施壓並將表面抹平。

7

將塑形盤放到冷水中冷卻並等待凝固。

8

凝固後就直接在冷水中利用刮刀之類的工具輔助，將麵團由塑形盤取出。

9

依喜好切割成合適的大小，淋上黑糖蜜、黃豆粉。

＊葛餅若冰太久會變硬並轉為白濁色，味道也會變差，因此最好在剛製作完成時立即享用。

葛櫻水饅頭

◆材料（10 個份）

本葛粉（木薯粉取代）————————— 35g
水 ————————————————— 175cc
細砂糖 ——————————————— 70g
紅豆泥（偏硬，請參考 P14 頁）—— 220g
鹽漬櫻花葉 ————————————— 10 片

◆前置準備

· 將紅豆泥均分為 1 個 22g 的球狀內餡備用。
· 將保鮮膜（透明膠膜亦可）切割成 10 片 15cm 大小
  的正方形。
· 雙層蒸籠的上層鋪上乾的布巾，接著再鋪上烘焙紙，
  下層加水後打開爐火。先備好蒸籠以便隨時可用。
· 因為要以隔水加熱的方式熬煮，所以要準備一個比熬
  煮葛粉的鍋子再大一些的鍋子（如平底鍋），事先加
  水並煮沸。

◆作法

1

在碗裡倒入本葛粉及 2／3 的
水攪拌溶解，一邊過篩一邊倒
入鍋子裡將剩餘的水倒入碗
中，攪拌至碗底剩餘的葛粉充
分溶解後，再過篩倒入鍋中，
並加入細砂糖。

2

將事先準備用於隔水加熱的底
鍋開中火加熱，把步驟 1 的
鍋子放入，用刮刀攪拌均勻。
煮一段時間後，葛粉溶液會煮
成有如蒟蒻的塊狀物。

3

煮到鍋中的葛粉溶液都結成小
塊後，先將鍋子由底鍋取出，
然後用力攪拌。把鍋中結成的
小塊攪拌成滑順的白色糊狀物
後，再次把鍋子放到底鍋中繼續熬煮。
煮到整鍋的麵團都呈透明狀，且具彈性及黏性為止。
＊中途先將鍋子由底鍋取出，利用鍋子的餘熱用力攪拌麵團。

4

把事先切割好的保鮮膜鋪放在
料理秤上，用刮刀或湯匙分割
麵團並揉成小球後，再放上去
秤重（1 個約 22g）。

5

把手沾濕，在保鮮膜上把外皮
的麵團壓平成圓形，放上內餡
球。內餡包起來調整形狀。
＊葛粉做成的外皮很容易變硬，因
  此每分割 3～4 個外皮就要隔水
  加熱一次，然後再用加熱過的外
  皮來包餡料會比較容易處理。

6

先將步驟 5 的保鮮膜取下，
再將做好的半成品間隔排入蒸
籠中，蓋上蓋子（事先包好布
巾以防滴水），以大火蒸 4～
5 分鐘。
＊當葛櫻水饅頭呈透明狀態時就算蒸好了。若蒸煮太久可能會裂開
  或影響成品的風味，要特別小心。

7

蒸好之後拿起蓋子，直接放在
常溫下待涼。放涼之後，用沾
濕的手將成品從蒸籠中取出，
並放在鋪好烘焙紙的平盤上。

8

將鹽漬櫻葉用水沖洗去除多餘
的鹽分，再切除多餘的梗，並
利用廚房紙巾吸乾水分。最後
把葉子的正面朝上，放上步驟
7 已放涼的葛櫻水饅頭，用葉
片將水饅頭包覆起來即可。
＊葛櫻水饅頭若冰太久會變硬並轉為白濁色，
  味道也會變差，最好在吃之前放入冰箱冷藏 15～30 分鐘左右。

あずきかん

紅豆羹

以「水饅頭粉」製作而成的紅豆　，
是專屬於夏季的甜點。
黑芝麻濃郁的口感，
再加上杏桃酸味的襯托之下，
風味獨具的紅豆餡。
而外層裹上的竹葉，
更加豐富有層次！

青柚子羹

あおゆずかん

清爽的青柚香氣，
是最適合夏季的冰涼點心。
半透明的外皮搭配甘納豆（花豆取代），
看起來就像水滴一樣，
讓人暑氣全消。
稍稍解凍之後再品嚐，
還能享受到冰冰涼涼的口感。

≫作法請參考 P45

紅豆羹

◆材料（14cm×11cm×4.5cm 的塑形盤 1 個份）

水饅頭粉（請參考 P109 頁）———— 35g
細砂糖 ————————————— 120g
水 ————————————————— 480cc
紅豆泥（請參考 P14 頁）———————— 200g
杏桃乾（切成 5 公厘的小方塊）———— 30g
黑芝麻（炒過）———————————— 5g
竹葉 ————————————————— 適量
燈心草 ———————————————— 適量

◆前置準備

· 事先量測鍋子的重量。
· 塑形盤要先沖水後倒放。
· 黑芝麻要用手指稍稍壓碎。
· 竹葉要以水沖洗，燈心草則泡在溫水中。

◆作法

1

先將水饅頭粉與細砂糖在碗中攪拌均勻，再倒入加了水的鍋子裡，一邊倒要一邊用打泡器攪拌以避免結塊。

2

開中大火，一邊攪拌一邊煮到沸騰後轉為中火，再熬煮 3 分鐘，期間要一直用刮刀攪拌。接著關爐火並倒入紅豆泥，用打泡器攪拌溶解。

3

紅豆泥溶解後改以刮刀攪拌。再次開中火，為了避免燒焦，請以刮刀從鍋底大幅翻攪的方式充分拌勻。然後一邊熬煮一邊秤重確認，將羊羹溶液熬煮到 630～640g 左右。

＊在料理秤上要鋪一層濕布後再測量重量。

4

加入黑芝麻、杏桃乾，待煮滾後再續煮約 30 秒左右，關掉爐火。

5

將羊羹溶液倒入塑形盤，高度差不多能夠蓋過大圓杓為止，待羊羹液稍稍凝固後，再慢慢地倒入剩餘的羊羹溶液。接著輕敲塑形盤底部，使表面更平整。放涼後再置入冰箱冷藏。

＊若一下子將羊羹溶液全部倒入，杏桃乾會直接沈到底部，所以要緩慢地倒入。

6

經冷卻凝固的紅豆羹，可依喜好切成合適的大小。最後再用竹葉捲起，並以燈心草綑綁。

＊若將冷卻凝固後的紅豆羹，先放入冰箱冷凍後再切割，就能切割成漂亮有菱角的四方形。

青柚子羹

◆材料（14cm×11cm×4.5cm 的塑形盤 1 個份）

水饅頭粉（請參考 P109 頁）—————— 35g
細砂糖 —————————————————— 120g
水 ———————————————————————— 480cc
白豆沙（請參考 P16 頁）——————— 200g
青柚子皮 ———————————————————— 適量
大納言甘納豆（花豆取代）——————— 40g

◆前置準備

· 事先量測鍋子的重量。
· 塑形盤要先沖水後倒放。
· 事先削取青柚子皮備用。

◆作法

1

先將水饅頭粉與細砂糖在碗中攪拌均勻，再倒入加了水的鍋子裡，一邊倒要一邊用打泡器攪拌以避免結塊。開中大火，一邊攪拌一邊煮到沸騰後轉為中火，再熬煮 3 分鐘，期間要一直用刮刀攪拌。

2

接著關爐火並倒入白豆沙，用打泡器攪拌溶解。

3

白豆沙溶解後改以刮刀攪拌。再次開中火，為了避免燒焦，請以刮刀從鍋底大幅翻攪的方式充分拌勻。然後一邊熬煮一邊秤重確認，將羊羹溶液熬煮到 630～640g 左右。

4

關掉爐火加入青柚子的皮並攪拌混合。將羊羹溶液倒入塑形盤，高度差不多到能夠蓋過大圓杓為止。

5

把甘納豆（花豆）加到鍋中剩餘的羊羹溶液裡，和溶液均勻混合後，將羊羹溶液慢慢地倒入塑形盤裡。

＊若一下子將羊羹溶液全部倒入，甘納豆（花豆）會直接沈到底部，所以要緩慢地倒入。

6

接著輕敲塑形盤底部，使表面更平整。放涼後先置入冰箱冷藏，取出後切成合適的大小。

＊若將冷卻凝固後的青柚子羹，先放入冰箱冷凍後再切割，就能切割成漂亮有菱角的四方形。

きみしぐれ

蛋黃時雨

「時雨」意旨毛毛雨，
適合梅雨季節的小點心。
「蛋黃時雨」外觀與一般
日式甜點稍有不同，
表面小小的裂縫，
呈現手作的美感。
蛋黃豆沙餡入口即化的綿密口感，
讓人難以抗拒。
以柔和的淡黃色外皮及其獨特的風味，
而廣受歡迎的日式甜點。

紅豆時雨
あずきしぐれ

紅豆色的外皮有著濃郁的紅豆香，
裡面包覆的，
是味道甘醇的地瓜餡。
炒過香氣四溢的黑芝麻，
隨意地撒在「紅豆時雨」上。
不刻意造作又平易近人的風格，
正是這道甜點的魅力。

≫作法請參考 P49

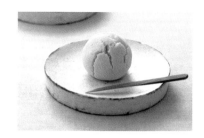

蛋黃時雨

◆材料（**12** 個份）

白豆沙（請參考 P16 頁）———— 280g～
白煮蛋的蛋黃（全熟）———— 1 個（約 15 個）
A ┌─ 上新粉 ———————— 5g
　└─ 泡打粉（蒸物專用）———— 0.4g
生蛋黃 ———————————— 1 個
紅豆泥（請參考 P14 頁）———— 180g

◆前置準備

・將材料 A 先均勻混合備用。
・以濾茶器將蛋黃過篩。
・紅豆泥均分為 12 個（1 個15g）球狀內餡。
・雙層蒸籠的上層鋪乾的布巾，接著再鋪上二層白報紙，下層加水後打開爐火。先備好蒸籠以便隨時可用。

製作要點 point 🍥

＊在分割外皮麵團或是包裹內餡時，可以事先準備一條濕布在手邊，除了可隨時擦手，也可用來補充手上的水分，讓製作工作進行順利。

＊相較於剛蒸煮完成，「蛋黃時雨」放到隔日再享用，整體的味道會更為融合。

◆作法

1

將白豆沙倒入耐熱玻璃碗裡（依白豆沙的濕潤程度調整分量），蓋上一張廚房紙巾，以微波爐（600W）加熱去除水分，要加熱到不會沾手的硬度為止。

＊加熱的時間可設在 3～4 分鐘左右，時間長短會因白豆沙餡所含的水分、季節、微波爐的機種而異。
＊不要直接加熱 3～4 分鐘，可以 1 分鐘為單位，觀察白豆沙餡的狀態後再決定是否要繼續加熱。

2

將步驟 1 處理好的白豆沙量測 250g 後放到另一個碗裡，蓋上擰乾的布靜待冷卻。

3

取一個生蛋煮 15 分鐘左右的時間（全熟），沖水 5 分鐘後剝開取出蛋黃。在平盤上放置細篩網，趁溫熱時過篩。

4

把 1／3 冷卻後的白豆沙和卡在篩網網眼上的蛋黃再一起過篩，用手將二者充分地揉捏混合均勻。

5

倒入步驟 4 剩餘的白豆沙，充分揉捏混合後，再過篩一次。

＊由於麵團很快就會乾燥，所以要盡快處理。

6

先將步驟 5 的半成品倒回碗內，再將材料 A 一邊用濾茶器過篩一邊加入餡料中，並一直攪拌直到看不見粉末為止，最後再加入 1 小匙的蛋黃，並將兩者揉捏混合在一起。一邊加蛋黃一邊將麵團調整到如耳垂般的硬度即可。

＊若麵團較硬則可再加入少量的蛋黃幫助軟化，調整到適當的硬度後，即便還有剩餘的蛋黃，也不要再加入攪拌。

紅豆時雨

◆材料（12 個份）

紅豆泥（P14 頁）
——————280g～

水煮蛋的蛋黃（全熟）
———— 1 個（約 15 個）

A ┌ 上新粉 ——————5g
　 └ 泡打粉（蒸物專用）
　 ——————0.4g

生蛋黃 ———————1 個

地瓜豆沙泥（P19 頁）
——————180g

炒過的黑芝麻（麵團用）
——————3g

炒過的黑芝麻（裝飾用）
——————適量

◆前置準備
・將材料 A 先均勻混合
　備用。
・以濾茶器將蛋黃過篩。
・將地瓜豆沙泥均分為
　12 個（每個 15g）球狀
　內餡備用。
・雙層蒸籠的準備方式和
　「蛋黃時雨」相同。

a 黑芝麻撒在平盤上，之後再
將麵團壓上去沾黏即可。

◆作法

1　將紅豆泥倒入耐熱玻璃碗裡，蓋上一張廚房紙巾，以
　　微波爐（600W）加熱去除水分，要加熱到不會沾手
　　的硬度為止。

2　將步驟 1 處理好的紅豆泥量測 250g 後放到另一個碗
　　裡，蓋上擰乾的布靜待冷卻。

3　趁蛋黃仍溫熱時過篩，把步驟 2 冷卻後 1／3 的紅豆
　　泥和卡在篩網網眼上的蛋黃一起過篩。

4　用手將步驟 3 的麵團充分揉捏混合，倒回碗裡和剩餘
　　的紅豆泥充分揉捏混合後，再過篩一次。

5　將步驟 4 的半成品倒回碗裡，一邊用濾茶器過篩一邊
　　把 A 加入餡料中，並一直攪拌直到看不見粉末為止。

6　接著加入 1 小匙的蛋黃，再將兩者揉捏混合在一起。
　　一邊加蛋黃一邊將麵團調整到如耳垂般的硬度即可。

7　將黑芝麻（麵團用）用手指壓碎，並和麵團攪拌均
　　勻。一邊測量重量一邊將麵團分成 12 等分。

8　將步驟 7 的麵團搓成圓形後壓平，放上地瓜餡後包起
　　來並搓成圓球狀，共製作 12 個。

9　將黑芝麻（裝飾用）撒在平盤上，再把步驟 8 製作好
　　的圓球狀麵團的上半部輕壓在平盤上，以方便沾黏黑
　　芝麻。

10　將步驟 9 做好的半成品間隔排入蒸籠中，再蓋上蓋子
　　（事先包好布巾以防滴水），以大火蒸 5 分鐘，將蒸
　　好的成品放在網架上放涼。

7

將步驟 6 的麵團一邊測量重
量，一邊分成 12 等分，並將
分割好的麵團搓成圓形後再壓
平塑形。

8

在壓平的麵團中央放上內餡
球，手掌輕輕地握緊，接著用
另一手的手指輕壓內餡，將內
餡包起來。

9

麵團收攏後將封口確實封住。
接著依相同的程序包好 12 個
並搓成圓球狀。

10

將做好的半成品間隔排入蒸籠
中，再蓋上蓋子（事先包好布
巾以防滴水），以大火蒸 5 分
鐘，蒸煮完畢後，小心地將成
品放在網架上放涼。並在放涼
之後且尚未完全乾燥之前，放
入專用盒子或其他容器中。

あずきのうきしま

紅豆浮島

「浮島」是一種蒸的蛋糕，
因為蛋糕膨脹時，感覺很像浮在海上的
小島而得名。
它的製作方式與西式糕點有些相似，
而十分受歡迎。
平整的切面，
鋪排著滿滿的栗子及紅豆。
淡淡的柚子皮香氣，
也為這道點心增添了一抹秋冬的氣息。

烤蘋果浮島

やきりんごのうきしま

拌入大量白豆沙餡蒸煮而成，
蒸的蛋糕，因此口感綿密濕潤。
與微苦的烤蘋果與肉桂的香氣，
足可堪稱絕配。

≫作法請參考 P53

紅豆浮島

◆材料（12×12×5cm 的四方圈）

紅豆泥（請參考 P14 頁）——————180g

生蛋黃——30g（約 2 顆）

上白糖————————32g

A ┌ 上新粉————13g
　└ 低筋麵粉————10g

B ┌ 蛋白
　│　　　70g（約 2 顆）
　└ 上白糖————13g

糖煮栗子————————70g

大納言甘納豆
（花豆取代）————20g

柚子皮—————————少量

◆前置準備

・以濾茶器將蛋黃過篩。
・所有上白糖都要事先過篩備用。
・蛋白倒入鋼盆內冷卻。
・取 2 張烘焙紙，以十字交疊的方式鋪入四方圈（P8 頁）中備用。
・雙層蒸籠的下層加水後打開爐火，先備好蒸籠以便隨時可用。

◆作法

1　濾除栗子的糖水

在耐熱玻璃碗內放入糖煮栗子，以及倒入蓋過栗子的糖蜜，以微波爐加熱 1～2 分鐘，再將微溫的糖煮栗子以濾網將糖水濾除。待冷卻後再切成 1cm 左右的方塊。

2　製作浮島

蛋黃加入紅豆泥中充分攪拌，接著再拌入 32g 的上白糖並均勻混合。

3

將材料 A 一邊過篩一邊加入鋼盆中，充分攪拌混合到沒有粉末為止。削取柚子皮並攪拌均勻。

4

將 13g 的上白糖分 2～3 次加入材料 B 的蛋白中，將蛋白以打泡器打發，直至蛋白泡緊實細緻，用打泡器拉後為一稍稍彎曲的尖角為止。

＊也可用手持式攪拌器攪拌，打發後再用打泡器讓蛋白霜更細緻。

5

將步驟 4 的蛋白霜分 3 次加入步驟 3 的麵團中，接著攪拌到麵團出現光澤為止。蒸籠中鋪上乾的紗布，放上事先準備好的四方圈，倒入一半的麵團。

6

用刮刀將麵團的表面抹平，撒上處理過的糖煮栗子以及甘納豆（花豆）。接著再一點一點地倒入剩餘的麵團，並用刮刀抹平。

7

蒸籠的蓋子要事先包好布巾以防滴水，然後將蒸籠的蓋子稍稍斜放，以大火蒸 25 分鐘。

8

蒸好之後，將成品放在網架上放涼。為了使表面更為平整，請在稍稍降溫後，將整個成品倒放在烘焙紙上，待其完全冷卻後，再依個人喜好切成合適的大小。

浮島的切割方式

如圖所示，先將四個邊薄薄地各切掉一片，接著再切成寬 2.5cm×長 4cm 大小的長方形。這麼做就能漂亮地將成品切割成 10 個浮島。

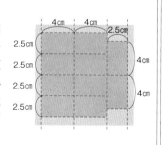

4cm　4cm　2.5cm

2.5cm

2.5cm　　　4cm

2.5cm

2.5cm　　　4cm

2.5cm

烤蘋果浮島

◆材料（12×12×5cm 的四方圈）

白豆沙（請參考 P16 頁）———— 180g

生蛋黃 – 30g（約 2 個蛋）

上白糖 ———————— 32g

A ┌ 上新粉 ———— 13g
　├ 低筋麵粉 ———— 10g
　└ 肉桂粉 ——— 1/4 小匙

B ┌ 蛋白 — 70g（約 2 個蛋）
　└ 上白糖 ———— 13g

＜焦糖蘋果 100g＞

紅玉蘋果 ——— 1 個（去皮後的重量約 130～180g）

細砂糖 ———————— 80g

熱水 ———————— 25cc

◆前置準備

· 以濾茶器將蛋黃過篩。

· 所有的上白糖都要事先過篩備用。

· 蛋白倒入鋼盆內冷卻。

· 取 2 張烘焙紙，以十字交疊的方式鋪入四方圈中備用。

· 雙層蒸籠的下層加水後打開爐火，先備好蒸籠以便隨時可用。

◆作法

1　製作焦糖蘋果

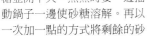

準備小鍋子倒入 1 大匙的細砂糖並開中火，熬煮時要一邊搖動鍋子一邊使砂糖溶解。再以一次加一點的方式將剩餘的砂糖分次加入，持續搖動鍋子直到所有的砂糖徹底溶解變色，最後再加入熱水攪拌均勻。

2

將蘋果的皮削掉、挖掉內蒂並切成 8 等分的彎月形狀後，放入鍋內以小火熬煮到入味且呈焦糖色為止，再將其放涼。

3　製作浮島

蛋黃加入白豆沙中充分攪拌，接著再拌入上白糖均勻混合。

4

將混合在一起的材料 A 一邊過篩一邊加入鋼盆中，並充分攪拌到沒有粉末為止。

5

將 13g 的上白糖分 2～3 次加入材料 B 的蛋白中，將蛋白以打泡器打發，直至蛋白泡緊實細緻，用打泡器拉起後為一稍稍彎曲的尖角為止。

＊也可以用手持式攪拌器，打發後再用打泡器讓蛋白霜更細緻。

6

將步驟 4 的蛋白霜分 3 次左右加入步驟 5 的麵團中，接著攪拌到麵團出現光澤為止。

7

蒸籠中鋪上乾的紗布，放上事先準備好的四方圈，倒入一半左右的麵團，再隨意地放入一半的蘋果。接著一點一點地倒入剩餘麵團的一半，再將剩餘的蘋果分開隨意擺放。

8

最後將剩下的麵團全部倒入，以刮刀將表面抹平。蒸籠的蓋子要事先包好布巾以防滴水，然後將蒸籠的蓋子稍稍斜放，以大火蒸 25 分鐘。

9

蒸好後從四方圈中取出並取下烘焙紙，置於網架上放涼。為使表面更為平整，待稍微降溫後，先將烘焙紙鋪在平盤之類的容器上，再將成品倒放其上。待其完全冷卻後再依喜好切成合適的大小即可。

桃山
御多福
おたふく

「御多福」之名的由來，
乃因其形與有招來福氣之意的日本
「多福豆」註相似，故以此命名。
白豆沙加蛋黃所製成的「御多福」，
不但入口即化，
蛋黃的風味還會在口中擴散開來。

譯注：「多福豆（甜黑豆）」，是日本的年節料理之一，以蠶豆製作而成，有象徵祈求來年福氣健康多多的意涵。

桃山 御多福

◆材料（約 16 個）

白豆沙（請參考 P16 頁）麵團用 ———— 360g～
水煮蛋的蛋黃（全熟）———————— 1 個（約 15g）
寒梅粉 ——————————————— 5g
生蛋黃 ——————————————— 10g
味醂（用於麵團及最終潤飾）———— 適量
白豆沙（請參考 P16 頁）球狀內餡 —— 288g

◆前置準備

· 將用於製作內餡的 288g 白豆沙，均分為 1 個 18g 的
  球狀內餡備用。
· 由於底部容易燒焦，所以要事先在烤盤上各鋪一層鋁
  箔紙及烘焙紙備用。
· 烤箱事先預熱至 220℃。
· 蛋黃須於使用前以濾茶器過篩備用。

◆作法

1

將製作麵團的白豆沙放入耐熱
的玻璃碗中，為防止噴濺，請
先蓋上烘焙紙，再放入微波爐
（600W）加熱。

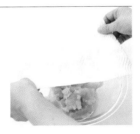

2

要一直重複加熱去除白豆沙的
水分，每加熱 1 分鐘就取出觀
察白豆沙的狀態，並以刮刀攪
拌，直到不會沾手的硬度。

＊以微波爐加熱的期間，要以布巾
  頻繁地擦拭碗內的水分。
＊當白豆沙像日式馬鈴薯泥一樣鬆軟時，就表示已加熱完畢。（日式
  馬鈴薯泥是指煮熟後再炒乾水分的馬鈴薯泥）
＊加熱的時間長短，將視白豆沙所含的水分或季節而定。

3

將步驟 2 的 330g 白豆沙放到
鋼盆中，並蓋上事先沾水擰乾
的布待涼。

4

取一個生蛋煮 15 分鐘左右
（全熟），沖水 5 分鐘後剝開
取出蛋黃。在平盤上放置細篩
網，趁蛋黃仍溫熱時過篩。

5

將步驟 3 已冷卻的白豆沙取
1／3，和卡在網眼上的蛋黃一
起過篩。

6

用手將先前過篩的蛋黃及白豆
沙充分地揉捏混合，然後再過
篩一次。倒回鋼盆裡，並和剩
餘的白豆沙充分揉捏混合後，
再加入寒梅粉。

7

必須要一直揉捏混合直到看不
見粉末為止。接著再用保鮮膜
將整個麵團包起來，靜置一小
時至一整晚。

＊夏季時可在包完保鮮膜後置於冰
  箱冷藏。

8

將步驟 7 的成品放入鋼盆內，加入蛋黃充分揉捏混合。

9

接著倒入 1 小匙的味醂並充分揉捏混合。

＊味醂的分量依麵團的硬度增減。

10

用手將整個麵團充分地攪拌揉捏，揉成具黏性又光滑的麵團即可。

11

將麵團分為 16 等分（1 個約 20g），再把事先準備好的內餡球包入並調整成橢圓形，最後再從中間壓出一個淺淺的凹槽，使形狀看起來就像「多福豆」一樣。

＊以掌腹（即大拇指根部的肌肉隆起處）往中間輕輕壓下，就能壓出漂亮的小凹槽。

12

用三角棒（P8 頁）壓出一道壓痕，使其成豆子的形狀。

13

將步驟 12 的半成品置於先前備好的烤盤上，放入事先預熱至 220℃ 的下層並烘烤 8～10 分鐘。若觀察半成品的背面已上色且出現半圓形的小凹槽，就再放到上層烘烤 10～15 分鐘，直至均勻上色為止。

＊成品的上色程度及色澤會因烤箱而異，在烘烤的過程中，要觀察烘烤的情形隨時調整烤盤的方向或點心的位置。

14

取出並置於網架上，趁著尚未冷卻前，以毛刷在所有成品的表面刷上一層味醂。

15

靜置一天左右，使點心風味更成熟。

＊剛烤好的桃山，口感粗糙，靜置一日後口感會較為濕潤。這種現象稱為「回潤」。

桃山
鈴 すず

◆材料（約 16 個）

白豆沙（請參考 P16 頁）麵團用 —— 360g〜

水煮蛋的蛋黃（全熟）————— 1 個（約 15g）

寒梅粉 ————————————— 5g

生蛋黃 ————————————— 10g

味醂（用於麵團及最終潤飾）—— 適量

白豆沙（請參考 P16 頁）球狀內餡 — 288g

◆前置準備

同御多福的前置準備工作（請參考 P55 頁）。

◆作法

1 請參考製作御多福的步驟 1〜10（請參考 P55〜56
頁），製作麵團並包入內餡。

2 放在手上將形狀搓成圓形後（圖 a），以三角棒
（請參考 P8 頁）雙線槽的那一邊劃一道半圓形的
溝紋（圖 b），接著再用單線的那一側在半成品上
壓出一道線（圖 c），最後再用筷尖在線頭的位置
稍微戳一個小洞（圖 d），即為鈴噹的形狀。

3 接著再依照「御多福」作法的步驟 13〜15（請參
考 P56 頁），將半成品送入烤箱烘烤。

a 用雙手輕輕地塑形，將其搓
成圓形。

b 以三角棒的雙線槽面壓在半
成品上，順著麵團的邊緣劃
出一道半圓形的溝紋。

c 以三角棒的單線側壓在半成
品上，模擬鈴噹的形狀，順
著麵團的邊緣劃出一道短短
的弧線。

d 用筷尖在半成品上戳出一個
小洞，即為鈴噹的形狀。

材料與做法同「御多福」，

只要在烘烤前，

將形狀調整為可愛的鈴噹即可。

煎茶饅頭
せんちゃまんじゅう

胡桃饅頭
くるみまんじゅう

小小圓圓的烤饅頭，
是在麵團中加入奶油烘烤而成的。
無論是使用紅豆內餡或是
其他口味的內餡製作，
都是非常好吃的美味點心。
在吃之前猜測裡面是哪一種餡料，
也是享用這道點心的樂趣之一。

胡桃饅頭

◆材料（約 20 個）

蛋液	40g
上白糖	60g
無鹽奶油	25g
小蘇打粉	1g
低筋麵粉（麵團用）	120g
低筋麵粉（手粉用）	適量
胡桃蛋黃豆沙餡（請參考 P18 頁）	520g
裝飾用胡桃	適量

◆前置準備

· 在烤盤鋪上烘焙紙備用。
· 烤箱事先預熱至 180℃。
· 低筋麵粉等製作麵團須使用到的各種粉類都要事先過篩備用。
· 小蘇打粉以少許的水溶解備用。
· 將胡桃蛋黃豆沙餡均分為 1 個 26g 的球狀內餡備用。
· 裝飾用的胡桃事先切碎備用。

◆作法

1

將蛋液倒入鋼盆內，加入上白糖並充分攪拌均勻。

2

將奶油切成小塊使其更易融化，然後倒入鋼盆。

3

稍稍隔水加熱直到上白糖與奶油融化為止。

＊上白糖若沒有充分溶解在蛋液中，烘烤完的成品會發生上色不均的狀況，所以務必要使其充分溶解。

4

步驟 3 的奶油蛋液放涼後，加入小蘇打水。

5

倒入低筋麵粉，用刮刀將麵粉與蛋液充分攪拌成麵團。接著用保鮮膜包起來，放入冰箱冷藏 30 分鐘左右，讓麵團鬆弛。

＊由於麵團中含有奶油，會使麵團較為黏手。若麵團太黏，不但會使後續處理困難，也可能會在處理過程中加入過多的手粉。

6

將手粉用的低筋麵粉過篩後撒在平盤上，然後在盤子上揉捏麵團。

7

將步驟 6 做好的麵團對折，然後一邊調整麵團的硬度一邊充分地揉捏，直到麵團變得柔軟滑順為止。

8

將步驟 7 的麵團一邊測量重量，一邊分成 20 個小麵團（1個重 13g）。

9

在手上沾些麵粉，將一個麵團放在左手掌心，接著把麵團壓平成圓形麵皮，再用毛刷將上面多餘的粉末刷掉。

10

將先前準備好的內餡球放在麵皮中央，輕輕地把手掌合起包住內餡球，接著用麵皮將內餡整個包裹起來。

11

用指尖捏住麵團開口處將之閉合後，再用雙手輕輕地調整好形狀。

12

將所有半成品表面上多餘的粉末以毛刷刷掉，接著間隔排入事先備好的烤盤上。

＊若麵團沾上多餘的粉末，烤好的成品會有上色不均的情形。

13

在每個麵團正中央放上一片裝飾用的胡桃。

14

用噴霧瓶將水霧均勻地噴撒在半成品的表面使其濕潤。放入事先預熱至 180℃ 的烤箱下層烘烤約 15 分鐘。

＊烘烤的時間會因烤箱的機種而異，因此為避免發生上色不均的情況，烘烤時請以 15 分鐘為基準，並視烘烤的狀況調整麵團的位置，或是將已上色的成品取出烤箱。

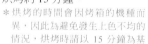

15

烘烤完成之後移至網架上放涼即可。

＊剛烤好的成品口感粗糙，靜置一日後口感會較為濕潤。

煎茶饅頭

◆材料（約 20 個）

蛋液	40g
上白糖	60g
無鹽奶油	25g
小蘇打粉	1g
低筋麵粉（麵團用）	120g
低筋麵粉（手粉用）	適量
日本煎茶	1 小匙
日本煎茶（裝飾用）	適量
紅豆泥餡（請參考 P14 頁）	520g

◆前置準備

· 上白糖、低筋麵粉等製作麵團須使用到的
　各種粉類都要事先過篩備用。
· 小蘇打粉以少許的水溶解備用。
· 將紅豆泥餡均分為 1 個 26g 的球狀內餡備用。
· 日本煎茶要去除茶梗，並切成細末備用。
· 在烤盤鋪上烘焙紙備用。
· 烤箱事先預熱至 180℃。

◆作法

1 將蛋液倒入鋼盆內，加入上白糖並充分攪拌均勻。將
　奶油放入鋼盆，稍稍隔水加熱直到上白糖與奶油融化
　為止。
　＊上白糖若沒有充分溶解在蛋液中，烘烤完的成品會發生上色
　　不均的狀況。

2 步驟 1 的奶油蛋液放涼後，加入小蘇打水。

3 在低筋麵粉中，加入切碎的日本煎茶（圖 a）以及步
　驟 2 的奶油蛋液，並充分攪拌使其均勻混合。接著
　用保鮮膜包起來，放入冰箱冷藏 30 分鐘左右，讓麵
　團鬆弛。

4 將手粉用的低筋麵粉過篩後撒在平盤上，然後在盤子
　上揉捏麵團，先將麵團對折，然後再一邊調整麵團的
　硬度一邊充分地揉捏。

5 將麵團分割成小麵團（1 個 13g）。在手上沾些麵
　粉，將一個麵團放在左手掌心，壓平成圓形麵皮後，
　再用毛刷將上面多餘的粉末刷掉，最後再把將先前準
　備好的內餡球置於麵皮中間（圖 b），並將內餡包入
　即可。

6 將所有半成品表面上多餘的粉末以毛刷刷掉，並間隔
　排入事先備好的烤盤上。

7 用噴霧瓶將水霧均勻地噴撒在半成品的表面，並撒上
　少許裝飾用的日本煎茶（圖 c）。

8 放入事先預熱至 180℃的烤箱下層烘烤約 15 分鐘。

9 烘烤完成之後移至網架上放涼（圖 d）。

a 要混入麵團攪拌的日本煎
茶，須事先將較粗的茶梗去
除，並切成細末備用。

c 必須在麵團噴上水霧，裝飾
用的日本煎茶才能附著在麵
團上。

b 將麵團壓平，接著把事先備
好紅豆泥球置於麵皮中央後
包起來，然後再整理成漂亮
的圓形。

d 烘烤完成後要放涼。放置 1
日後，口感才會較濕潤。

宴客用的手作日式甜點

將自己親手做的甜點，
拿來招待客人或當成伴手禮送人，
若能因此取悅對方，
那麼自製點心又多了一項樂趣。

◆漂亮地擺盤

擺盤時，要配合甜點的種類，選擇能夠襯托該點心的器具。尤其是「練切」這類精緻小點，在擺盤時要特別小心別破壞了和風點心。在待客時為使客人能夠看清楚每一個點心的樣貌，在擺盤時也要留下一定的空間。因為這類點心很容易乾燥，所以最好在上桌之前再從專用盒子中取出呈盤。

若手邊有筷尖特別細的「金團專用筷」，在呈盤時就能不傷到甜點外形。

要拿取柔軟的金團，可以輕輕地撐起底部，或是用筷尖稍稍刺入底部較不顯眼處，再放置於器皿之上。

若該類點心沒有正面，則擺盤時要以最完美的那一面當成正面，並放上公筷。

◆花點心思創造話題

招待客人時，若能花點心思，將具季節感或與節慶有關的點心，用有趣的方式呈現在客人前，除了能讓在場的客人高興，還能製造聊天的話題。

桃山的御多福，若能使用節分時撒豆子註的容器盛裝，絕對是最應景的呈盤方式。

「柑橙果凍」（P73 頁）可以在分給大家之前，先讓所有的人欣賞點心完整的外觀，附上一張手繪的自製標籤也是一種樂趣。

◆當成伴手禮

若要以自製的日式甜點當成伴手禮送人，可以事先準備能夠展示和點心外觀、容易攜帶且易於保存的容器盛裝。或是點心專用的盒子或紙箱，在專門販售烘焙用品的店家都能買得到。

註　在日本，所謂的節分，指的是立春的前一天（大約是 2 月 3 日前後）所舉行的傳統儀式。這時期大家都認為惡鬼會出現，而為了要驅魔，都會用方型木質容器裝煎過的黃豆（福豆）向外撒。

若盒子裡有隔出個別獨立擺放的空間，除了不會破壞形狀且容易攜帶之外，也比較不容易乾燥硬化。

「蕎麥餅乾」（P84 頁）若以小包裝的形式裝袋，比較不容易碎裂。更貼心一點，還可以在袋內放入乾燥劑。

手作日式甜點之「貳」

利用蒸烤技巧做出四季風情の日式甜點，好吃又好玩！

在享用醬油糰子或銅鑼燒時，
總會想來上一杯暖呼呼的熱茶。
櫻葉麻糬或蒸栗子羊羹，
提醒著我們季節的更迭。
這些都是深受大家喜愛的和風點心，
若能在家自己動手做，
將能為繁忙的日常生活，
帶來些許幸福「食」光。

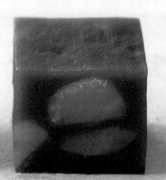

櫻葉麻糬 さくらもち（道明寺粉製作）

「道明寺粉」是日本製作傳統甜點
的基本粉類，
它屬於粗粒粉狀的質地，
與口感滑順的紅豆泥搭配得天衣無縫。
軟Q的口感就像麻糬，
並飄著淡淡的櫻花葉香，
充滿春天的氣息。

◆材料（約 10 個）

道明寺粉	120g
溫水（約 50℃）	200cc
上白糖	25g
鹽	少量
色粉（紅色）	少量
紅豆泥餡（請參考 P14 頁）	170g
鹽漬櫻葉	10 片

◆前置準備

· 色粉以少許的水溶解備用。
· 將紅豆泥餡均分為 1 個 17g 的球狀內餡備用。
· 上白糖先過篩備用。

◆作法

1

將事先準備好的色粉溶液加一點點到溫水中，調成淡紅色。

2

道明寺粉放入玻璃碗中，把步驟 1 倒入後充分攪拌均勻以避免結塊。蓋上保鮮膜靜置 10 分鐘，讓麵團吸飽水分。

＊若用手指去捏麵團發現還有硬硬的，就加入少量的溫水，讓麵團吸收水分軟化。

3

將整個麵團充分攪拌後，蓋上保鮮膜，放進微波爐（600W）加熱 5 分鐘。

4

取出後，加入上白糖及鹽。

5

在不破壞顆粒的狀態，由下往上充分拌勻。接著蓋上一條乾布，燜 5 分鐘左右。

6

將步驟 5 的麵團量測重量並均分為 10 等分。

＊接下來處理麵團時，手可以沾點水會比較容易作業。

7

在手掌上將麵團壓平，將先前準備好的內餡包入粉皮。

8

全部包好後，將雙手洗淨，接著用雙手將半成品搓成圓扁的形狀。

9

鹽漬櫻葉用水沖洗去除鹽分，切掉多餘的葉梗，用廚房紙巾吸乾水分。接著再用櫻花葉將步驟 8 的成品包覆住即可。

草莓大福

いちごだいふく

在麻糬中包入整顆草莓的草莓大福，
當初可說是人人稱奇的點子，
曾幾何時，已成為日式甜點中的經典。
由於使用整顆草莓做內餡，
完成後的草莓大福，
從外皮尖端隱隱約約透出的些許淡紅色，
就像是草莓拚命要從麻糬中探出頭來一般，
充滿春意的生氣！

草莓大福

◆材料（8個份）

麻糬粉	50g
白玉粉	50g
上白糖	25g
水	150cc
紅豆泥餡（請參考 P14 頁）	約 200g
草莓（中等大小）	8 顆
片栗粉（太白粉取代）	適量

◆前置準備

· 上白糖事先過篩備用。

· 片栗粉（太白粉）事先過篩撒在平盤上備用。

· 草莓要去掉蒂頭並擦乾水分備用。

· 將紅豆泥餡均分為 1 個 23g 的球狀內餡備用。

◆作法

1

用紅豆泥將草莓包起來，僅留下草莓的尖端外露。一邊包一邊調整紅豆泥的分量，將兩者的總重量控制在 40g 左右。

2

在玻璃碗裡倒入白玉粉，加入一半的水後均勻地攪拌成膏狀並避免結塊。接著再倒入剩餘的水拌勻。

3

在耐熱玻璃碗內倒入麻糬粉及上白糖並充分攪拌均勻，接著再一點一點地加入步驟 2 的白玉粉溶液拌勻。

4

在步驟 3 的玻璃碗蓋上保鮮膜，放入微波爐（600W）加熱 1 分 30 秒，取出後將之充分攪拌均勻。

5

再度蓋上保鮮膜並分次放入微波爐加熱，加熱時間分別為 2 分鐘、1 分鐘、1 分鐘，每次取出後就由上而下大幅攪拌麵團，直到成為柔韌的麻糬麵團為止。

6

將麵團取出，放在事先撒上片栗粉（太白粉）的平盤上，小心地不要讓片栗粉沾到麵團內側，並將麵團對折。

7

用手將麵團分為 8 等分。

8

取一個麵團放在左手掌心，用毛刷刷掉麵團上的片栗粉（太白粉）後，再把先前準備好的內餡球置於麵團正中央。接著將左手手掌心翻過來，右手則呈拱形抓住內餡及外皮，然後用左手的大拇指及食指一邊繞圈一邊用整個外皮包覆內餡。

9

把內餡完全包覆起來後，將麵團收攏到正中央，並把開口捏緊封住。接著用雙手將半成品調整成圓形。

甜鹹糰子（日式醬油糰子、艾草糰子）

あまからだんご

以上新粉所製成的糰子，

十分美味又有嚼勁，讓人回味再三。

若偏好甜食，

可選擇散發艾草香氣的艾草糰子搭配顆粒紅豆餡；

若偏好鹹食，

則可選擇淋上了特製醬汁，

散發著濃郁的醬油香氣的日式醬油糰子。

日式醬油糰子

◆材料（10 串）

上新粉 ——— 120g
白玉粉 ——— 23g
上白糖 ——— 23g
水 ——— 150cc
〈淋醬〉
水 ——— 90cc
上白糖 ——— 75g
醬油 ——— 30cc
本葛粉（木薯粉取代）
——— 12g
味醂 ——— 1/2 小匙

◆前置準備

・用來串糰子的竹籤要先沾水備用。
・本葛粉要以 2 倍的水溶解備用。

a 一邊量測麵團的重量，一邊將麵團分割成差不多的大小，並將分好的麵團排在事先鋪上保鮮膜的平盤上。

b 做好的淋醬倒入容器中，將烤過的糰子放入碗內，以旋轉的方式沾取醬汁。

◆作法

1 將上新粉、白玉粉、上白糖倒入耐熱玻璃碗內，一點一點地加入 150cc 的水並充分攪拌均勻。

2 將碗包上保鮮膜，放入微波爐（600W）加熱 1 分 30 秒後取出並充分攪拌均勻。

3 再次包上保鮮膜，放入微波爐加熱 2 分鐘後取出，由上而下將麵團整個翻過來充分攪拌均勻，再放入微波爐加熱 2 分鐘後取出。然後用沾濕後擰乾的布巾將玻璃碗中攪拌混合過的麵團取出。

4 用紗布包住麵團充分揉捏後，稍稍攤開麵團，放入裝滿水的碗中浸泡 1 分鐘左右，使其降溫。

5 在撒水的平台上或是平盤上攤開麵團。用手一邊沾水一邊揉捏麵團，將硬度調整到與耳垂差不多的硬度。

6 將麵團分為 1 個 15g 的球狀糰子（圖 a），用先前備好的竹籤將糰子串起，每 2 個為一串。

7 在鍋子裡倒入製作醬汁用的水、上白糖並開爐火，待上白糖溶解後倒入醬油。將本葛粉溶於少量的水後倒入鍋中，熬煮到沸騰並出現濃稠度後，再加入味醂即完成醬汁的製作。

8 將糰子放在烤網上印出些許烤痕，將步驟 7 的醬汁淋上（圖 b）。

艾草糰子

◆材料（10 串）

上新粉 ——— 120g
白玉粉 ——— 23g
上白糖 ——— 23g
水 ——— 150cc
艾草乾 ——— 5g
顆粒紅豆餡（偏軟，請參考 P12 頁）——— 適量

◆前置準備

・將水與艾草乾放入鍋中，煮到沸騰後以小火再煮 5 分鐘。接著把水擰乾，去除較硬的梗後切成細末，量 15g 備用。
・用來串糰子的竹籤要先沾水備用。

◆作法

1 將上新粉、白玉粉、上白糖倒入耐熱玻璃碗內，一點一點地加水並充分攪拌均勻後，再加入切碎的艾草末拌勻（圖 a）。

2 將步驟 1 的碗包上保鮮膜，放入微波爐（600W）加熱 1 分 30 秒後取出並充分攪拌。

3 再次包上保鮮膜，放入微波爐加熱 2 分鐘後取出，由上而下將麵團整個翻過來充分攪拌，再放入微波爐加熱 2 分鐘後取出。然後用沾水擰乾的布巾將玻璃碗中攪拌混合過的麵團取出。

4 用紗布包住步驟 3 的麵團充分揉捏後（圖 b），稍稍攤開麵團，放入裝滿水的碗中浸泡 1 分鐘左右，使其降溫。

5 在撒了水的平台上或是平盤上攤開麵團。用手一邊沾水一邊揉捏麵團，將硬度調整到與耳垂差不多的硬度。

6 將麵團分為 1 個 15g 的球狀糰子，用備好的竹籤將糰子串起，並排放在事先鋪上保鮮膜的平盤上。

7 將偏軟的顆粒紅豆餡放在步驟 6 的成品上。

a 加入 15g 的艾草末，攪拌至整個麵團均勻上色為止。

b 由於剛加熱完成的麵團仍十分燙手，要一邊用手沾水，一邊隔著紗布揉捏麵團。

「槲櫟葉」註只有在長出新芽時，
老葉才會落下，
象徵香火不斷子孫繁榮的好意頭。
剛製作完成的柏餅，是最好的品嚐時機，
因此在端午節時，請務必親自試著做做看。

註 是在日本較常見的樹種，台灣以柔軟的粿葉取代。

かしわもち

柏餅

柏餅

◆材料（6個份）

上新粉	80g
白玉粉	15g
上白糖	15g
水	70cc
A ┌ 片栗粉（太白粉取代）	1/2 小匙
└ 水	1 小匙
紅豆泥（偏硬、請參考 P14 頁）	120g
槲櫟葉（粿葉取代）	6 片

◆前置準備

・上白糖要事先過篩備用。

・將偏硬的紅豆泥均分為 1 個 20g 的球狀內餡備用。

・雙層蒸籠的下層加水後打開爐火，先備好蒸籠以便隨時可用。

◆作法

1

在鋼盆內放入上新粉、白玉粉、上白糖，一點一點地加水並充分攪拌揉捏。

2

在蒸籠內鋪好擰乾的紗布，將步驟 1 的麵團分成用手捏 1 把左右的大小後，放入蒸籠（蓋子要事先包好布巾以防滴水），接著以大火蒸煮約 12 分鐘。

＊分成小塊再蒸，麵團能更均勻地受熱。

3

蒸好之後，再用紗布將所有的小麵團集合在一起並揉成一個大的麵團。

4

將步驟 3 揉好的麵團攤平，在裝滿水的鋼盆中浸泡 1～2 分鐘，使麵團降溫。

＊透過急速降溫的方式，麵團會較有嚼勁。若麵團尚未冷卻就進行後續的步驟，麵團會缺乏延展性且難以成形，成品也會變得較硬不易入口。

5

在撒了水的平台或平盤上將麵團攤平。把 A 的片栗粉（太白粉）溶液倒入麵團，手要一邊沾水一邊揉捏麵團，調整到如耳垂般的硬度即可。

6

麵團分成 6 等分後，將麵團壓薄成麵皮並搓成橢圓形。把紅豆泥放在麵皮中央壓平並將麵皮對折，接著沿著內餡將對折後的接縫處確實壓緊封住。

7

在蒸籠的上層鋪入擰乾的紗布後，再鋪上一層烘焙紙。將步驟 6 的半成品排入蒸籠，以大火蒸 5 分鐘。途中要將蓋子打開 1～2 次，並將浮起的氣泡去除。

＊若不將麵團表面浮出的氣泡去除，不但成品的表面會變得坑坑巴巴，口感也會較差較不滑順。

8

蒸煮完成後，先以扇子煽風的方式去除表面的氣泡，然後直接放在蒸籠裡降溫即可。降溫後取出放在事先鋪好保鮮膜的平盤上，待其完全冷卻。

9

將「槲櫟葉」（粿葉）洗淨並擦乾水分，把已冷卻的麻糬用葉子包起來。

＊還未完全冷卻就用葉子包住，麻糬和葉子會黏在一起難以分開。

銅鑼燒

どらやき

在眾多的手作點心之中，

銅鑼燒絕對是最經典的一道日式點心。

柔軟濃稠的顆粒紅豆餡，

和濕潤的餅皮互相融合，

搭配爽口的茶飲，

口感清新不甜膩。

真是難以抗拒的誘惑。

柑橙果凍

あまなつかん

以柑橘外皮作為容器的冰涼果凍，
外形帶給人十足的視覺享受。
濃濃的水果味，搭配外皮微微的苦味，
是這道點心最吸引人之處。
建議使用日本「甘夏橘」製作，但產期十分短暫，
請務必品嚐這當季才吃得到的美味。

銅鑼燒

◆材料（約15個）

蛋	3 個
上白糖	170g
蜂蜜	25g
小蘇打粉	2g
低筋麵粉	200g
水	80cc
顆粒紅豆餡（偏軟、請參考 P12 頁）	450g
沙拉油	適量

◆前置準備

· 把蛋置於常溫下備用。
· 上白糖和低筋麵粉須事先過篩備用。

◆作法

1

顆粒紅豆餡若太硬，可額外加入適量的水並開火熬煮，必須一直加水熬煮到內餡稍稍有些濃稠為止，接著將內餡撥鬆後倒入平盤內放涼。

＊若將熱騰騰的顆粒紅豆餡直接包上保鮮膜放涼，可防止餡料因水分流失而變硬。

2

在不鏽鋼盆內打入 3 個蛋後以打泡器打散。加入上白糖充分攪拌混合，要小心別過度攪拌，接著再加入蜂蜜並攪拌均勻即可。

＊若上白糖不易溶解，可以稍稍隔水加熱一下。

3

從事先備好的水中取少量的水，分次倒入碗中以溶解小蘇打粉，充分攪拌溶解後，倒入步驟 2 的蛋液中。

4

低筋麵粉與水各取三分之一倒入步驟 3 的蛋液中，並以打泡器攪拌均勻。接著，再次加入相同分量的水與低筋麵粉並充分攪拌以避免結塊，必須攪拌到看不見粉末為止，最後再將剩餘的水和低筋麵粉全部加進去拌勻。

5

覆蓋上保鮮膜，在常溫下靜置30 分鐘左右，讓麵糊鬆弛。

6

電烤盤加熱至 180～200℃左右，並在烤盤上抹一層薄薄地沙拉油。若烤盤夠熱，則以圓形湯匙的器具舀起麵糊倒在烤盤上時，麵糊會自然散開成相似大小的圓形，然後蓋上蓋子。

＊家裡沒有電烤盤的人，可用平底鍋取代。
＊可以先以少量的麵糊試烤，再依情況調整火候及麵糊的用量。
＊若麵糊的落點能夠一直維持在圓的中心，就能烤出漂亮的圓形餅皮。
＊麵糊鬆弛後或烘烤餅皮時，若覺得麵糊太濃稠不夠滑順，可以加一些水調整濃稠度。

7

等到餅皮的表面開始冒出小泡泡時，就翻面再烘烤 10 秒。

8

將烤好的餅皮放到網架上放涼，並蓋上一塊乾布以避免餅皮變得乾硬。

9

取兩枚大小相近的餅皮，其中一片抹上紅豆餡，再放上另一片即為成品。

柑橙果凍

◆材料（2 個）

寒天條	4g
水	230cc
細砂糖	150g
柑橘	2 個
水麥芽	40g

◆前置準備

・寒天條要先以大量的水浸泡 8 小時以上備用。

＊寒天溶液在常溫下即可定型。若能事先備好所有的材料與工具，
製作這道點心時就不會手忙腳亂。

◆作法

1

柑橘充分洗淨後，把要作為上蓋的部分小心地切下，接著仔細地將果肉挖出來，並避免破壞切口及外皮。

2

將果肉搾成果汁並過篩，留下 200cc 備用。

3

將水倒入已取出果肉的外皮以去除殘渣。

＊可在將水倒入後，靜置約 10～15 分鐘。靜置的這段時間可先進行其他程序。

4

將事先浸泡的寒天條取出擰乾後，用手撕成小塊放入鍋中，加水開中火熬煮。煮到沸騰後將爐火調小，用刮刀攪拌鍋中的寒天條使其溶解。

＊約熬煮 5 分鐘左右，若使用刮刀過度攪拌，寒天條會不易溶解，這點請特別小心。

5

寒天條煮化後加入細砂糖煮至溶解，並於沸騰後撈取浮沫。關掉爐火，拌入水麥芽。

＊若寒天條未煮化便加入細砂糖，會使寒天無法完全溶解。

6

將篩網事先鋪好紗布並架在不鏽鋼盆上，將步驟 5 的成品一邊過篩一邊倒入鋼盆中。

7

將步驟 6 的鋼盆放在加了水的另一個鋼盆中，使寒天溶液降溫即可。

8

待降溫後便倒入步驟 2 的果汁並攪拌均勻。

9

將步驟 8 的果汁寒天溶液倒入量杯，然後再由量杯倒入已充分擦乾水分的柑橘外皮中。常溫下冷卻後再放入冰箱冷藏凝固，待要享用時再切片。

＊倒入寒天溶液時，高度可到橙橘外皮的切口邊緣，因寒天溶液凝固後高度會再往下降一些。

萩餅（道明寺粉製作）

おはぎ

「萩餅」是日本傳統的點心之一，
口感介於麻糬與八寶米糕（甜米糕）之間。
以製作的季節來分，春天的叫「牡丹餅」，
秋天稱為「御萩」；
這裡是以道明寺粉製作萩餅，
只要有微波爐便能輕鬆完成。
顆粒細緻的口感，
與一般糯米製成的麻糬略有不同，
但卻別有一番風味。
將一顆顆大小相近的麻糬，
搭配不同的材料，
就能夠品嚐到各種不同風味的萩餅。

萩餅（道明寺粉製作）

◆材料（**12** 個，包括顆粒紅豆餡口味 **6** 個、
黃豆粉與黑芝麻口味各 **3** 個）

道明寺粉	120g
溫水（約 50℃）	200cc
上白糖	25g
鹽	少量
顆粒紅豆餡（請參考 P12 頁）	150g
紅豆泥（請參考 P14 頁）	90g
A　黃豆粉、上白糖	各適量
B　炒過的黑芝麻、上白糖	各適量

◆前置準備

・上白糖要事先過篩備用。
・將顆粒紅豆餡均分為 1 個 25g 的球狀內餡備用。
・將紅豆泥均分為 1 個 15g 的球狀內餡備用。
・將 A 的黃豆粉與上白糖以 5:1 的比例混合備用。
・將 B 的黑芝麻放入研磨缽內稍微研磨後，以 5:1 的比
　例與上白糖混合備用。

◆作法

1

道明寺粉放入玻璃碗中，倒入
溫水並充分攪拌混合。蓋上保
鮮膜靜置 10 分鐘，讓麵團的
水分更飽滿。

＊若用手指去捏麵團發現還有一點
　硬硬的，就加入少量的溫水，讓麵團吸水軟化。

2

將整個麵團充分攪拌後，蓋上
保鮮膜，放進微波爐
（600W）加熱 5 分 30 秒。由
微波爐取出後加入上白糖及
鹽，在不破壞粉粒口感的狀態
下充分拌勻。

3

蓋上一條乾布，燜 5 分鐘左
右，然後將麵團分成 12 個，6
個用於顆粒紅豆餡（1 個
22g），6 個用於黃豆粉及黑
芝麻（1 個 28g）。

＊接下來處理麵團時，手可以沾點
　水會比較容易操作。

4

接著製作顆粒紅豆餡的萩餅。
將紅豆餡置於手掌心，用雙手
的手掌將餡料壓平。

5

在紅豆餡的中央放上道明寺麻
糬（22g），包入紅豆餡中。

6

接著製作黃豆粉及黑芝麻的萩
餅。將道明寺麻糬（28g）置
於手掌心，用雙手的手掌將麵
團壓平。在麵皮的中央放上紅
豆泥餡球，將內餡包覆。

7

12 個萩餅全部包好後，先將手洗淨，再將所有的萩餅都
整理成圓筒狀。

8

取 3 個用於製作黃豆粉口味的
萩餅。將之放入事先備好的材
料 A 裡，使整顆萩餅沾滿黃
豆粉。

＊利用筷子挾住麻糬，在盛粉的器
　皿中滾動，就能均勻地沾染粉末。

9

取 3 個用於製作黑芝麻口味的
御萩。將之放入事先備好的材
料 B 裡，使整顆御萩沾滿黑
芝麻。

栗子是專屬於秋天的果實，

仔細小心地一再過篩後，

再以上選的和三盆糖增添風味。

利用純棉紗布絞綁的方式，

能在成品上壓出細緻美麗的皺摺，

進而創造出不同風情的「茶巾絞」成品。

栗子茶巾
くりちゃきん

栗子茶巾

◆材料（8個份）

栗子 ———————— 280～330g

上白糖 ———————— 60g

和三盆糖 ———————— 10g

◆前置準備

· 上白糖及和三盆糖須事先過篩備用。

· 雙層蒸籠的上層鋪上紗布，下層加水後打開爐火，事先將蒸籠準備好以便隨時可用。

製作要點 point

＊想要讓表面呈現焦色時，可以將栗茶巾放在倒扣的深形平盤上，用噴槍稍微烘烤上色。

◆作法

1

將洗淨栗子放入蒸籠裡，蒸40～50分鐘。

＊若栗子沒煮熟就無法品嚐到栗子原本的美味，所以要配合栗子的大小調整蒸煮時間的長短。可以透過試吃確認栗子是否連中心都煮軟。

2

蒸好的栗子要趁熱切成兩半，用湯匙將栗子肉挖出放入碗中，須準備200g。

3

在平盤放上細篩網，將步驟 2 的栗子過篩後放入耐熱玻璃碗，加入上白糖後，充分攪拌混合均勻。

4

將步驟 3 的栗子泥蓋上廚房紙巾後，放入微波爐（600W）加熱 1 分鐘後取出並充分攪拌，再加熱 1 分鐘去除水分。

＊一直加熱到栗子泥不會沾手為止。

＊由於每顆栗子的含水量不同，所以要視狀況調整加熱的時間。

5

將和三盆糖加入步驟 4 的栗子泥並充分攪拌均勻，接著趁栗子泥還溫熱時再次過篩。

＊再次過篩可去除較細小的皮，口感會更滑順。

6

分成小塊後置於平盤，蓋上一條沾過水擰乾的紗布防止栗子泥乾燥變硬。

7

待步驟 6 的栗子泥放涼後，再用沾過水擰乾的紗布揉成一整塊，然後量測栗子泥的重量，分成 8 等分並揉成球狀。

8

取一顆步驟 7 的栗子泥球，置於純棉紗布（請參考 P8 頁）的中央。將布巾包起並用力扭緊，在栗子泥球上壓出皺摺，並用另一手的手掌下壓栗子泥球的底部以調整形狀。

蒸栗子羊羹
くりむしょうかん

只要有美味的紅豆泥，

與好吃的糖漬栗子，

就能製作出最棒的蒸栗子羊羹。

最理想的蒸栗子羊羹，

是紅豆泥與栗子的硬度相同。

而外觀上，工整的切口，

最能展現出羊羹之美。

蒸栗子羊羹

◆材料（15×15×5cm 的四方圈）

紅豆泥餡（請參考 14 頁）—————— 300g
上白糖 ———————————————— 30g
低筋麵粉 ——————————————— 20g
本葛粉（木薯粉取代）——————— 5g
溫水（約 40℃）————————— 50cc 左右
糖炒栗子（若從一般店面購得，建議選擇品質較好
且偏軟的栗子）——————————— 150g
鹽 —————————————————— 1 小撮

◆前置準備

・上白糖事先過篩備用。

・糖煮栗子和蜜汁一起倒入鍋中，煮到沸騰後以濾網過
濾蜜汁，然後放涼備用（較大塊的栗子可切成四分之
一的大小）。

・雙層蒸籠的上層鋪上乾的紗布，下層加水後打開爐
火，事先將蒸籠準備好以便隨時可用。

・取 2 張烘焙紙，以十字交疊的方式鋪入四方圈（請參
考 P8 頁）中備用。

◆作法

1

將紅豆泥與上白糖一起放入鋼
盆，用刮刀充分攪拌均勻。

2

低筋麵粉一邊過篩一邊加入步
驟 1 的鋼盆裡，充分攪拌混
合直到看不見粉末後，再加入
一小撮鹽。

3

將本葛粉（木薯粉）倒入另一
個碗，取 1／3 的溫水加入並
攪拌均勻使其充分溶解，接著
一邊過篩一邊倒入步驟 2 的
羊羹液中。剩下的溫水再倒入

一半至碗中，將殘留的葛粉完全拌勻後再倒入羊羹液中。

4

最後殘餘的溫水則視羊羹液的
狀態酌量加入，加水混合攪拌
的同時，也要一邊調整羊羹液
的硬度。

＊在使用刮刀攪拌的過程中，要不時地將刮刀拉高觀察羊羹液落入
鋼盆裡的狀態，務必調整到落下後要能夠像山峰般層層相疊的硬
度為止。

5

將步驟 4 的羊羹液少量倒入
事先備好的上層蒸籠。

＊如此栗子才不會直接接觸底盤，
也才能以較平整的樣貌呈盤。

6

將糖炒栗子倒入剩餘的羊羹液
中混合均勻後再倒入四方圈。
在倒入羊羹液時要一點一點慢
慢地倒，盡量將栗子平均地鋪
在四方圈裡。倒入全部的羊羹
液後，將表面抹平。

7

蒸籠的蓋子要事先包好布巾以
防滴水，以大火蒸 35 分鐘。
蒸好後關掉爐火，並立刻將蒸
籠表面多餘的水分以刮刀刮除
即可。

＊由於是以大火的方式長時間地蒸煮，在蒸煮的過程中，記得要檢
查下層的熱水是否足夠，若不足則要立刻加水。

＊蒸煮完成後，要趁熱抹平，成品的表面才會平整。

8

剛蒸好時還太軟，請在稍稍降
溫後再從四方圈中取出。待其
完全冷卻後，再依個人喜好切
成合適的大小。

＊若將四個邊先切掉少許後再切割，
就能切成漂亮有菱角的四方形。

地瓜羊羹

いもようかん

風味樸實的地瓜羊羹，
讓人百吃不厭。
據說在古早時代，
地瓜羊羹是相當受歡迎的點心，
常被視為高價羊羹的替代品。
製作地瓜泥時，
不只是將地瓜壓碎成泥而已，
還會利用細篩網過篩，
入口的口感非常地滑順，
風味十分特別。

地瓜羊羹

◆材料（**14cm×11cm×4.5cm** 的塑形盤）

地瓜（去皮後的重量）———— 400g
上白糖 ————————— 90～100g
鹽 ——————————— 少量
炒過的黑芝麻 ———————— 適量

◆前置準備
・上白糖事先過篩備用。
・取 2 張烘焙紙，以十字交疊的方式鋪入塑形盤中。
・雙層蒸籠的下層要先加水，上層則鋪上乾的紗布，要事先將蒸籠準備好以便隨時可用。

◆作法

1

削掉地瓜外皮後，切成厚度 2 公分大小的塊狀，泡水約 15 分鐘。

2

接著把地瓜的水分擦乾，放入蒸籠，開大火蒸 10～15 分鐘，若用竹籤能扎得進去就表示蒸熟了。

3

將地瓜趁熱移入碗中，加入上白糖與鹽，用研磨棒或壓泥器將碗中的地瓜搗碎。

＊上白糖可以依地瓜的甜度，調整使用分量。

4

在鋼盆上鋪一塊沾過水擰乾的紗布，然後放上細篩網，將步驟 3 的地瓜泥趁熱過篩。

5

隔著紗布將步驟 4 的地瓜泥充分揉捏成一整塊。

6

將步驟 5 的地瓜泥分三次填入塑形盤內，每次約 1／3。每次填入時要用手平均地壓緊地瓜泥，以去除內部的空氣。

7

將所有的地瓜泥填入後，用塑形盤的隔板之類的物品將表面壓平，並鋪上烘焙紙以避免乾燥，接著再包上一層保鮮膜並放入冰箱冷藏。

＊動作要快，必須趁地瓜泥尚溫熱時完成所有的步驟。

8

放入冰箱 1～2 小時，確定完全定型後取出，依個人喜好切成合適的大小，撒上黑芝麻做裝飾。

蕎麥餅乾

そばぼうろ

以酥脆的口感，

及質樸的風味，

讓人回味再三的蕎麥餅乾。

這小巧可愛的烤點心，

花形取自梅花造型，

小圓餅則象徵花蕾。

蕎麥餅乾

◆材料（**50～60 個份**）

蛋	1 個（55～60g）
無鹽奶油	20g
三溫糖	110g
小蘇打粉	3g
蕎麥粉	90g
低筋麵粉	90g
低筋麵粉（手粉用）	適量

◆前置準備

· 把蛋置於常溫下備用。
· 在烤盤鋪上烘焙紙備用。
· 烤箱事先預熱至 170～180℃。
· 無鹽奶油須事先以隔水加熱的方式融化備用。
· 三溫糖與其他粉類都要事先過篩備用。
· 小蘇打粉以少許的水溶解備用。

◆作法

1

將蛋打入鋼盆內後以打泡器打散，倒入已溶解的奶油並充分攪拌均勻。

2

倒入已溶解的小蘇打水並充分攪拌混合。

3

將已過篩的三溫糖與其他粉類倒入鋼盆，以刮刀將所有的粉類充分拌勻成麵團。

4

拌到看不見粉末後，改以手揉捏成表面光滑的麵團。

5

將步驟 4 的麵團包上保鮮膜，放入冰箱冷藏 30 分鐘～1 小時以使麵團鬆弛。

6

將已鬆弛的麵團稍微揉捏後，放在事先撒上低筋麵粉的平台上。麵團的表面也要撒上些許手粉，接著以桿麵棍將麵團桿成厚 5 mm 的麵皮。

7

以餅乾模（可選擇自己喜歡的形狀）壓取麵團後，有間隔的排入烤盤上，放入事先預熱至 170～180℃ 的烤箱，烘烤約 10～13 分鐘。

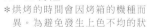

＊烘烤的時間會因烤箱的機種而異。為避免發生上色不均的狀況，烘烤時請以上述的時間為基準，並視烘烤的狀況調整麵團的位置，或是將已上色的成品取出烤箱。

8

將烘烤完成的餅乾移出並置於網架上放涼。

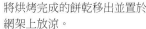

＊若以多種餅乾模製作餅乾，為使餅乾的色澤能夠統一，請盡量將形狀相同的餅乾一起烤。

＊放涼後請放入密閉容器中保存，並置入乾燥劑。

手工甜點的保存期限與保存方式

剛做好的日式甜點固然美味，但部分甜點必須放置一天的時間，才是其最美味的狀態。
以下整理出各種餡料及日式甜點的最佳品嚐期及保存基本條件等相關注意事項。

	最適品嚐期、保存期限	保存方式、吃法等
內餡 （顆粒紅豆餡、紅豆泥、白豆沙）	冷藏為 3～4 日 冷凍為 2 週	以保鮮膜完整包覆，或是放入密閉容器後冷藏保存。（若為冷凍保存，則解凍時須先置於冷藏室解凍）
求肥 （鶯麻糬、杏桃麻糬、胡桃麻糬、柚子麻糬）	1～2 日	置於外盒或密閉容器中常溫保存。
蕨餅	當日	置於外盒或密閉容器中常溫保存。
涼蕨餅	立刻享用	
錦玉羹（杏桃茶巾凍、杏桃錦玉羹）	1～2 日	置於外盒或密閉容器中冷藏保存。
水羊羹	1～2 日	置於外盒或密閉容器中冷藏保存。
葛餅	完成後 30 分鐘內	立刻置於冰水中冷卻後享用。
葛櫻水饅頭	立刻享用	置於冰箱 15～30 分鐘冷卻。
紅豆羹／青柚子羹	1～2 日	置於外盒或密閉容器中冷藏保存。
蛋黃時雨／紅豆時雨	2～3 日	置於外盒或密閉容器中常溫保存。（隔日再享用口感會更濕潤）
浮島	2～3 日	以膠模包起來或是置於外盒中常溫保存。（隔日再享用口感會更濕潤）
桃山	2～4 日	以膠模包起來或是置於外盒中常溫保存。（第 2 日回潤後才能享用）
烤的饅頭	1～2 日	以膠模包起來或是置於外盒中常溫保存。（當日的口感較粗糙，隔日享用口感會更濕潤）
櫻葉麻糬	當日	以膠模包起來或是置於外盒中常溫保存。（待櫻葉的香味沾染麻糬時即為最適品嚐時機）
草莓大福	當日	以膠模包起來或是置於外盒中常溫保存。
糰子	立刻享用	
柏餅	當日	以膠模包起來或是置於密閉容器中常溫保存。
銅鑼燒	1～2 日	以膠模包起來後常溫保存。
甘夏果凍	1～2 日	冷藏保存。
萩餅	當日	置於外盒或密閉容器中常溫保存。
栗子茶巾	1～2 日	置於外盒或密閉容器中常溫保存。
蒸栗子羊羹	1～2 日	置於外盒或密閉容器中常溫保存。
地瓜羊羹	1～2 日	置於外盒或密閉容器中常溫保存。
蕎麥餅乾	1 日～1 週	置於密閉容器中常溫保存，並放入乾燥劑。
練切	1～2 日	置於外盒中以常溫或冷藏保存。（若冷藏保存，品嚐前須先置於常溫下回溫）
山藥小饅頭	1～2 日	置於外盒或密閉容器中常溫保存。
乾果子（壓製成形的點心）	2～5 日	置於密閉容器中常溫保存。

烤的點心最怕濕氣，保存時要置於罐子或密閉容器中。

保存甜點專用外盒，各種尺寸都可以在烘焙用具店購買得到。

浮島及桃山等點心，保存時單個包上膠模，就不易乾燥硬化。

手作日式甜點之「參」

展現練切技巧做出華麗雅緻の宴會甜點，簡單又省時！

以四季為主題，展現四季風情的練切。
還有蒸的軟綿綿、
外型惹人憐愛的山藥小饅頭，
都是在茶宴上不可或缺，
並足以堪稱為日式代表的點心。
親自製作這些外表美麗又高雅的點心，
就能體會手作甜點的奧妙。

春之練切
櫻之花瓣
ひとひら

此款練切點心，

讓人聯想到櫻花的花瓣，

迎風飛舞、片片飄落的姿態。

淡淡的櫻花色，

以及「茶巾絞」壓出的細緻紋路，

給人優美之感。

夏之練切
夏木林立
なつこだち

綠色與白色交錯的金團，
就像是初夏時節，
清爽宜人的樹林。
金團表面的間隙，
則呈現出陽光穿越樹葉縫隙，
灑落地面的景象。

秋之練切

稲穗之風

いなほのかぜ

一陣風吹來，
結實纍纍的金黃色稻穗，
便低著頭，迎風搖曳。
以「茶巾絞」做成枝枒，
是最適合代表豐饒之秋的練切甜點。

冬之練切
初霜
はつしも

以金團象徵冬季草木凋零的山丘，
再撒上冰麻糬粉作為霜雪點綴的冬之練切甜點。
小巧可愛、隨意撒下的甘納豆（花豆取代），
成了此道點心的亮點。

≫作法請參考 P99

基礎練切技法 ①

練切外皮的做法

每一種餡料的含水量都不一樣。
若要去除白豆沙的水分以達所需的分量，
「熬煮內餡」是不可或缺的步驟。
而這個步驟只要利用微波爐，
就能在一邊觀察餡料的狀態下一邊去除水分，
完全不需要擔心會燒焦。

◆材料（成品約 **300g**）

白豆沙（請參考 P16 頁）—————— 300～320g
（經熬煮去除水分後質地較硬的白豆沙，約 280g）
求肥麵團（請參考 P93 頁）—————— 28g
（重量應為前項白豆沙的 10%）

製作要點 point

＊製作的過程中，要隨時維持手部及工作台的整潔。

◆作法

1

將白豆沙倒入耐熱玻璃碗中，蓋上廚房紙巾，以微波爐（600W）加熱。

2

加熱時並非一下子完全加熱，而是要分次加熱。先加熱 1 分 30 秒後，再加熱 1 分 30 秒，每次都要取出充分攪拌，並擦拭碗中水氣。

3

之後再一邊觀察內餡的狀態，一邊以 1 分鐘為單位進行加熱。要將白豆沙的水分煮乾，直到鬆軟且不沾手的狀態。（差不多像日式馬鈴薯泥一樣）

＊加熱的時間視內餡的含水量及季節而異。

4

將步驟 3 煮過的白豆沙取 280g，放到別的碗中。

5

趁白豆沙還溫熱時將求肥麵團加入碗中。

6

仔細地混合攪拌求肥麵團與白豆沙，將兩者充分拌勻。

＊若求肥較硬，可放入微波爐加熱 10 秒鐘，會更容易處理。

7

由碗中取出拌好的麵團，置於沾水後充分擰乾的紗布上或是工作台上，並稍稍整理一下麵團。

8

把麵團捏成單手大拇指的大小後排好，使其降溫。

9

將所有小麵團再揉成一個大的麵團。像這樣撕開麵團再合起來的程序，要重複 3～4 次，直到麵團完全冷卻為止即可。

10

一直揉捏麵團，直到麵團表面呈白色，且質地滑順易延展並富含空氣，麵團就算完成了。

11

將步驟 10 的麵團包上保鮮膜，放入冰箱冷藏。

＊充分揉捏麵團的目的有二。一是為使麵團表面的硬塊去除，另一個目的則是為了將空氣揉入內餡中，使麵團呈現白色。麵團愈白，之後上色時顏色的變化就會愈明顯。

＊可視麵團的軟硬度，調整步驟 8 的作法。若麵團太硬，則將麵團撕得大塊一些；若太軟則撕得小塊一些，然後再重覆進行步驟 9 的動作即可。

求肥（練切用）的作法

麵團可以冷凍保存，因此可以多做一些存放在冰箱內，每次只取所需的分量使用即可。

◆材料（成品約 140g）

白玉粉	30g
上白糖	60g
水	60cc
水麥芽	6g
片栗粉（太白粉取代）	適量

◆前置準備

・上白糖要事先過篩備用。

・片栗粉（或太白粉）要事先過篩，撒在平盤上備用。

◆作法

1. 在耐熱玻璃碗內倒入白玉粉，加入一半的水，仔細地攪拌避免結塊，一直攪拌直至呈膏狀為止。將剩餘的水倒入碗中稀釋碗內的膏狀物，接著加入上白糖並充分攪拌。然後放入微波爐加熱（600w）20 秒後取出，用刮刀充分攪拌使上白糖溶解。

   ＊放入微波爐加熱時不需蓋上保鮮膜。

2. 再度放入微波爐分別加熱 1 分 30 秒及 1 分鐘，每次取出後都要用刮刀將麵團由上而下整個攪拌一次。要一直加熱，直到整個外皮的麵團看起來具光澤及透明感，且攪拌時有筋度才算完成（圖 a）。

   ＊要依據季節或製作當日的氣溫狀況，增減加熱的時間。請觀察外皮麵團的狀態，若筋性不夠，則以 10 秒為單位逐次加熱。

3. 拌入水麥芽，使其充分溶解在麵團裡。

   ＊剛開始攪拌時會不太容易拌入麵團裡，不過一旦攪拌均勻後，麵團的筋性就會恢復到原先的狀態。

4. 將求肥麵團取出，置於事先撒上片栗粉（太白粉）的平盤上（圖 b），接著再一邊將片栗粉過篩一邊撒在麵團上（圖 c），並待麵團降溫。

5. 將麵團分割成小塊，再用烘焙紙包起來（圖 d），並在最外層包上一層保鮮膜後以冷凍的方式保存。

a 攪拌到整個外皮的麵團呈現出麻糬特有的光澤及透明感後，再拌入水麥芽。

b 為了更輕鬆地處理求肥的麵團，片栗粉（太白粉）要事先過篩並大量均勻地撒在平盤上。

c 若是利用濾茶器過篩片栗粉，求肥麵團會更容易處理。之後再將多餘的粉末刷掉即可。

d 放涼之後將麵團分割成數塊，並且以烘焙紙包起來。

基礎練切技法 ②

茶巾絞の造型變化

將練切的外皮，以純棉紗布（請參考 P8 頁）包裹後，用扭轉綑綁的方式妝點和果子。也可以用沾濕的紗布代替，但要製作細緻的皺摺或壓紋，還是必須用純棉紗布才行。

〔茶巾〕

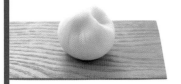

茶巾絞的基本形狀。例如製作與栗子形狀相似的栗子金團時，即可使用。

◆綑綁方式

1

將沾濕後擰乾的純棉紗布覆蓋在手上，放上搓圓的練切麵團。

2

將麵團包起後用力扭轉紗布收口，在麵團上壓出皺摺。

3

在包好的純棉紗布上，用三根手指捏住收口處，以製造凹陷的效果。

4

調整好形狀後，慢慢地打開紗布後取出，用雙手整理麵團。

〔櫻花花瓣〕

利用茶巾絞製作出細緻的皺摺，展現出漂亮地櫻花花瓣的形狀。

◆綑綁方式

1

將練切麵團搓成橢圓型，置於純棉紗布中央後包起。

2

手握住紗布的兩端，像在包糖果一樣，將兩端用力扭緊。

3

固定一邊，另一邊的收口處用手指捏出一塊凹陷處。

4

慢慢地打開紗布，將麵團取出後，以雙手調整形狀。

〔波浪或風的波紋〕

利用茶巾絞表現出波浪或風吹的波紋。

◆綑綁方式

1

將沾濕後擰乾的純棉紗布覆蓋在手上，放上搓圓的練切麵團。

2

將麵團包起後，用力以繞圈的方式扭緊收口。

3

將食指置於收口處的繩結下方抵住麵團，另一隻手則由下往上按壓底部。

4

慢慢地打開紗布，將麵團取出後，以雙手調整形狀。

〔山茶花〕

中央的凹陷處若放入花蕊，即為山茶花。

◆綑綁方式

1

將沾濕後擰乾的純棉紗布覆蓋在手上，放上搓圓的練切麵團。

2

將麵團包起後用力扭轉紗布以收口。

3

將包好的麵團放在掌心，一隻手直接按壓收口處的中心點使其凹陷，另一隻手則由下往上按壓底部。

4

慢慢地打開紗布，將麵團取出後，以雙手調整形狀。

金團の造型變化

將練切麵團以篩網過篩後製成條狀物，再以「金團專用筷」一一挾起，使其沾附在內餡上的點心，
即為「金團」。
製作條狀麵團時，會因為篩網不同而做出長短粗細各異的形狀，
而這些形狀麵團的色調及配色選擇，都是妝點日式甜點時，必須仔細考量的重要元素之一。
以少量多次的方式過篩，就能做出漂亮的條狀麵團。

不鏽鋼製 金團篩網（粗）

將練切麵團整理成厚度均等並置於篩網上，以掌腹（大拇指根部肌肉隆起處）用力壓過篩。

訣竅在於壓下麵團後，要以向外推展的方式繼續往下壓，將麵團徹底地從篩網的網眼篩出。

事先在篩網下，鋪上沾水後扭乾的溼布，這樣過篩後的麵團才會直接落在布面上。

不鏽鋼製 金團篩網（細）

將練切麵團整理成厚度均等並置於篩網上，以掌腹（大拇指根部肌肉隆起處）用力壓過篩。

訣竅在於壓下麵團後，要以向外推展的方式繼續往下壓，將麵團徹底地從篩網的網眼篩出。

事先在篩網下，鋪上沾水後扭乾的溼布，這樣過篩後的麵團才會直接落在布面上。

竹製金團篩網

將練切麵團整理成厚度均等並置於篩網上，以掌腹（大拇指根部肌肉隆起處）用力壓過篩。

訣竅在於壓下麵團後，要以向外推展的方式繼續往下壓，將麵團徹底地從篩網的網眼篩出。

事先在篩網下，鋪上沾水後扭乾的溼布，這樣過篩後的麵團才會直接落在布面上。

馬毛製金團篩網

將麵團整理成一塊，放在篩網上，接著以木製刮刀壓下麵團過篩。過篩時的角度要與網眼呈對角線。

將篩網置於沾水後扭乾的布上，輕輕地敲打篩網的邊緣，使金團麵團落下。

如此即可製作出細緻的條狀練切麵團。

春之練切 櫻之花瓣

◆材料（10 個）

練切麵團（請參考 P92 頁）	250g
蛋黃豆沙餡（請參考 P18 頁）	170g
色粉（紅色）	少量

◆前置準備

· 色粉以少量的水溶解，從練切麵團取出 50g 加入色粉溶液，使麵團染色，並分成 10 個（1 個 5g）備用。

· 剩餘的 200g 練切麵團則不需上色，直接分成 10 個麵團（1 個 20g）備用。

· 將蛋黃豆沙餡均分為 1 個 17g 的球狀內餡備用。

製作要點 point

∗要上色時，先取少量的麵團，染上較濃的顏色後，再混合攪拌進整個麵團裡。

∗先分好的麵團，可以先包上一層保鮮膜，接著再蓋上一塊擰乾的布以避免麵團乾燥硬化。

∗製作的過程中，要隨時維持手部及工作台的整潔。

◆作法

1

將白色的麵團壓成圓形，在正中央用手指壓出一塊凹陷的地方。

2

將紅色的麵團搓圓後置於凹陷處。

3

以雙手蓋住後，施力將兩個麵團壓平並使其重疊在一起。

4

放上蛋黃豆沙餡後包起來。

5

將封口封閉並塑形。

6

將步驟 5 透出紅色那一邊當成右側，置於沾水後擰乾的純棉紗布的正中央，將麵團包起，然後用力拉緊布的兩端並扭緊。

7

固定一側，另一側的收口處用手指捏出一個凹陷處，做成櫻花花瓣的形狀。

∗綑綁的方式請參考 P94 頁。

8

慢慢地將紗布打開，調整成品的形狀。

夏之練切 夏木林立

◆材料（**10 個**）

練切麵團（請參考 92 頁）──── 270g

紅豆泥（請參考 14 頁）────── 150g

抹茶粉（須事先過篩）──────── 1/2 小匙

◆前置準備

・從練切麵團取 120g，將抹茶粉拌入並用刮刀與麵團
　充分攪拌混合，使其染上抹茶色後，分成 10 個麵團
　（1 個 12g）並搓成球狀備用。

・剩餘的 150g 練切麵團則不需上色，直接分成 10 個麵
　團（1 個 15g）備用。

・將紅豆泥均分為 1 個 15g 的球狀內餡備用。

製作要點 point

＊先分好的麵團，可以先包上一層保鮮膜，接著再蓋上一塊
　擰乾的布以避免麵團乾燥硬化。

＊製作的過程中，要隨時維持手部及工作台的整潔。

◆作法

1

將白色的麵團與抹茶色的麵
團疊在一起。

2

雙手合在一起，將步驟 1 的麵團用力壓平。

3

把金團篩網（粗）放在沾水
後擰乾的布上，將麵團放上
去後，用手往下壓。

4

壓下麵團時，要以往外推展的方式下壓，將麵團過篩成
肉鬆狀。

＊分 3～4 次過篩。

5

將內餡球置於併攏的手指
上，用金團專用筷挾起肉鬆
狀的麵團較細碎的部分，使
其貼附在內餡球的底部，堆
砌出底座。

6

接著再將其餘的麵團貼附在
底座的周圍。

7

肉鬆狀的麵團要貼附上去且
做成像是會扎人一般，直至
完全看不見內餡球為止。

＊可一邊以濕布擦拭筷尖一邊進
　行此步驟。

＊可利用將筷子從旁插入底座的方式，調整金團的方向。

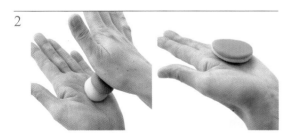

秋之練切 稻穗之風

◆材料（10 個）

練切麵團（請參考 P92 頁）——————— 250g
炒過的黑芝麻 ——————————————— 2g
顆粒紅豆餡（請參考 P12 頁）—————— 170g
色粉（蛋黃色）——————————————— 少量

◆前置準備

・色粉以少量的水溶解，從練切麵團取 200g 加入色粉溶液，將麵團染成蛋黃色，並分成 10 個麵團（1 個 20g）備用。

・用手指將黑芝麻壓碎，拌入剩餘的 50g 練切麵團中，並分成 10 個麵團（1 個 5g）備用。

・將顆粒紅豆餡均分為 1 個 17g 的球狀內餡備用。

製作要點 point

＊要上色時，先取少量的麵團，染上較濃的顏色後，再混合攪拌進整個麵團裡。

＊先分好的麵團，可以先包上一層保鮮膜，接著再蓋上一塊擰乾的布以避免麵團乾燥硬化。

＊製作的過程中，要隨時維持手部及工作台的整潔。

◆作法

1

將蛋黃色的麵團搓圓後用雙手壓平。

2

將內餡球完全包入步驟 1 的麵團後，調整形狀。

3

把揉入芝麻的麵團搓成圓柱狀後，放在步驟 2 的麵團上，使其融合在一起。

4

將沾濕後擰乾的純棉紗布覆蓋在手上，將步驟 3 的麵團置於中央。

5

將麵團包起後用力扭轉紗布以收口。

6

將食指置於收口處的繩結下方抵住麵團，另一隻手則由下往上按壓底部。
＊綁繩方式請參考 P94 頁。

7

慢慢地將紗布打開，調整成品的形狀。

冬之練切 初霜

◆材料（10 個）

練切麵團（請參考 P92 頁）————— 250g
紅豆泥（請參考 P14 頁）————— 150g
肉桂粉（須事先過篩）—————— 1/4 小匙
大納言甘納豆（花豆取代）————— 30 顆
冰麻糬粉 ——————————————— 少量

◆前置準備

· 將肉桂粉拌入 250g 的練切麵團並充分攪拌混合後，
　分成 10 個麵團（1 個 25g）備用。
· 將紅豆泥均分為 1 個 15g 的球狀內餡備用。
· 冰麻糬粉以手指壓碎備用。

製作要點 point

＊製作的過程中，要隨時維持手部及工作台的整潔。
＊先分好的麵團，可以先包上一層保鮮膜，接著再蓋上一塊
　擰乾的布以避免麵團乾燥硬化。

◆作法

1

將肉桂麵團搓圓後，以雙手
壓平。

2

把竹製金團篩網放在沾水後
擰乾的布上，將步驟 1 的
麵團放上去。

3

將手掌以往外推展的方式下
壓，將麵團過篩成肉鬆狀。
＊分 3～4 次過篩。

4

敲擊竹篩網的邊緣，使卡在篩網上的麵團落在紗布上。

5

將內餡球置於併攏的手指
上，用金團專用筷挾起肉鬆
狀麵團較細碎的部分，使其
貼附在內餡球的底部，堆砌
出底座。

6

接著再將其餘的麵團貼附在
底座的周圍。

7

肉鬆狀的麵團要貼附上去且
做成像是會扎人一般，直至
完全看不見內餡球為止。
＊可一邊以濕布擦拭筷尖一邊進
　行此步驟。
＊可利用將筷子從旁插入底座的方式，調整金團的方向。

8

在每個做好的金團上各裝飾
3 顆甘納豆（花豆）。

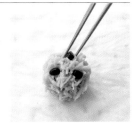

9

撒上少許的冰麻糬粉。

山藥小饅頭
雪玉兔
ゆきうさぎ

做成雪兔模樣的山藥小饅頭，
蒸得膨膨的純白色小饅頭，
散發著微微的山藥香味。
一對上眼，
臉上就會不由自主地露出微笑。

◆材料（**20** 個）

日本山藥（去皮後的重量）——	70g
上白糖 ——————	140g
上用粉（可用蓬萊米粉取代）——	100g
紅豆泥（請參考 P14 頁）——	500g
色粉（紅色）——————	少量

◆前置準備

・上白糖要事先過篩備用。

・上用粉要事先放入冰箱冷藏備用。

・將紅豆泥均分為 1 個 25g 的球狀內餡備用，並在包入
　麵團前由冰箱取出，置於常溫下回溫。

・色粉以少量的水溶解備用。

・雙層蒸籠的上層鋪上沾水後擰乾的紗布，接著再鋪上
　裁成 5 公分正方形大小的白報紙，下層加水後打開爐
　火。先備好蒸籠以便隨時可用。

・在噴霧瓶中倒入加了少許醋的醋水備用。

製作要點 point

＊刨絲器、研磨缽、研磨棒、鋼盆內的水分要完全擦乾。
＊由於麵團很容易乾掉，在內餡尚未完全包完之前，麵團上可先
　包一層保鮮膜，以免麵團乾燥硬化。

◆作法

1

日本山藥去皮後，以畫圓的方
式利用網眼較細的刨絲器削成
泥，倒入鋼盆內。

2

以研磨棒稍稍研磨步驟 1 的
山藥泥，接著將上白糖分 4～
5 次加入，每次加入時要充分
攪拌混合。

3

將步驟 2 的山藥泥放入冰箱冷
藏。至少要冷藏 2～3 個小
時，若時間足夠最好可以冷藏
一整晚，使山藥泥鬆弛。然後
將鬆弛過的山藥泥倒入研磨缽
內，再度充分研磨。

＊在研磨缽內研磨，山藥會更
　為柔軟滑順。

4

在大鋼盆內倒入事先冷藏過的
上用粉，接著把步驟 3 的山
藥泥倒在粉末上。

5

用手抓住山藥泥的其中一角，
一邊由外向內折，一邊將上用
粉拌入山藥泥中。

6

要將麵團攪拌到像棉花糖一樣
有彈性，撕開時會發出「啵」
的一聲為止。

＊若麵團的狀態已達要求，即使仍
　有未拌入的上用粉，也要停止攪
　拌。剩下的粉則當作手粉使用。

7

將剩下的粉末倒入平盤上並將
麵團分成兩半。

8

一邊量測麵團重量並分成 20
個（1 個 13g）麵團，過程中
要盡量小心別破壞麵團。

＊若拉扯太多次會破壞麵團，所以
　請先目測分割後麵團的大小，再俐落地處理麵團。

9

取一個麵團放在左手掌心搓圓
後壓平，用毛刷將表面的粉末
刷掉。

10

將內餡球置於壓平的麵團上，
用手指將內餡壓入麵團，接著
一邊繞圈一邊將內餡完整包入
麵團之中。

11

將內餡完全包起後，用手指將
麵團收攏，最後再把開口捏緊
確實封住。

12

用相同的方式將所有的內餡包
入麵團中，並將多餘的粉末刷
掉即可。

13

利用噴霧瓶將鋪在蒸籠裡的白
報紙完全噴濕。

14

把步驟 12 中包好的麵團整理
成雞蛋的形狀，刷掉多餘的粉
末，排入蒸籠中。

15

在所有的麵團上噴上水霧後，
以大火蒸 10 分鐘。

＊蒸籠的蓋子要事先包好布巾以防
　滴水。
＊若在麵團的表面噴上加了醋的醋
　水，會比較不容易裂開。

16

蒸好之後，先靜置一陣子，然
後將指尖稍微沾水弄濕，從蒸
籠中取出饅頭。要小心別破壞
饅頭，將饅頭從底紙上取下，
接著放到網架上放涼。

17

待饅頭降溫後，再用烙印模在
饅頭表面印下耳朵的圖樣。

＊山藥小饅頭的皮很容易沾手，所
　以在使用烙印模押印圖案時，最
　好先放入甜點專用的盒子裡之
　後，再進行押印圖案的程序。

18

用竹籤的尖端沾取少量的紅色
溶液，在饅頭表面的適當位置
畫上兔子的眼睛。

山藥小饅頭
早蕨
さわらび

別緻的小饅頭上所烙印的圖樣，
彷彿是春天的淡綠色原野上，
微微地冒出頭的蕨類嫩芽。

≫作法請參考 P104

山藥小饅頭
笑顏
えがお

饅頭上的小紅點，
就像是小女孩笑起來時，
櫻桃小口微張的樣子。

≫作法請參考 P104

山藥小饅頭 早蕨

◆材料（20個）

日本山藥（去皮後的重量）———— 70g
上白糖 ———————————— 140g
上用粉 ———————————— 100g
紅豆泥（請參考 14 頁）———— 500g
色粉（抹茶色、蛋黃色）———— 各少量

◆前置準備

・上白糖要事先過篩備用。
・上用粉要事先放入冰箱冷藏備用。
・將紅豆泥均分為 1 個 25g 的球狀內餡備用，並於包入
　麵團前由冰箱取出，置於常溫下回溫。
・色粉以少量的水溶解備用。
・雙層蒸籠的上層鋪上沾水後擰乾的紗布，接著再鋪上
　裁成 5cm 正方形大小的白報紙，下層加水後打開爐
　火。先備好蒸籠以便隨時可用。
・在噴霧瓶中倒入加了少許的醋的醋水備用。

製作要點 point

＊刨絲器、研磨缽、研磨棒、鋼盆內的水分要完全擦乾。
＊由於麵團很容易乾掉，在內餡尚未完全包完之前，麵團上可
　先包一層保鮮膜，以免麵團乾燥硬化。

1 日本山藥去皮後，以畫圓的方式利用網眼較細的刨絲
　器削成泥，倒入鋼盆內。
2 以研磨棒稍稍研磨步驟 1 的山藥泥，接著將上白糖
　分 4～5 次加入，每次加入時便充分攪拌混合，然後
　將山藥泥放入冰箱冷藏。至少要冷藏 2～3 個小時，
　若時間足夠最好能夠冷藏一整晚，使山藥泥鬆弛。
3 將步驟 2 鬆弛過後的山藥泥倒入研磨缽內，且再度
　充分研磨。
4 在大鋼盆內倒入事先冷藏過的上用粉，接著把步驟 3
　的山藥泥倒在粉末上。用手抓住山藥泥的其中一角，
　一邊由外向內摺，一邊將上用粉拌入山藥泥中。
5 將剩下的粉末倒入平盤上，並將麵團分成 20 個（1
　個 13g），過程中要盡量小心別破壞麵團。
6 將步驟 5 的麵團取 1 大匙，放到小鋼盆裡，加入少
　許的水充分攪拌揉捏，將麵團調整到可用毛刷上色的

硬度後，再加入事先以抹茶色及蛋黃色調好的嫩草色
溶液，將麵團染色（圖 a）

7 將步驟 5 的麵團置於掌心搓圓後壓平，用毛刷將表
　面的粉末刷掉，放上內餡球。以指尖壓住內餡，一邊
　繞圈一邊用整個麵團包住內餡。將內餡完全包起後，
　用手指將麵團收攏，最後再把開口捏緊確實封住。用
　相同的方式將所有的內餡包入麵團。
8 用噴霧瓶將鋪在蒸籠裡的白報紙完全噴濕。將步驟 7
　的麵團整理好形狀後，刷掉多餘的粉末，排入蒸籠
　中。在所有的麵團上噴上水霧，再以筆刷沾取步驟 6
　製作完成的嫩草色麵團（圖 b），刷在麵團上，然後
　以大火蒸 10 分鐘。
9 蒸好之後，先靜置一陣子，然後將指尖稍微沾水弄
　濕，從蒸籠中取出饅頭，要小心別破壞饅頭，將饅頭
　從底紙上取下，接著放到網架上放涼。放涼後再用烙
　印模印上蕨類新芽的圖案（圖 c）。

a 取抹茶色與蛋黃色的色粉溶
液，一次加一點點，小心地
將麵團染成嫩草色。

b 將麵團排入蒸籠後，再以筆
刷塗上顏色。

c 將甜點放入專用外盒中，再
拿著盒子進行烙印的程序會
比較好處理。

山藥小饅頭笑顏

在圓滾滾的山藥小饅頭頂部，
用竹籤點上一點紅點的笑顏小
饅頭。由於這款小點心是以紅
白色為主，因此是宴席上十分
常見的一款點心。

蒸好的饅頭放進甜點專用外盒
中，接著用竹籤較粗圓的那一
頭，沾取事先以紅色色粉溶於
水後製成的紅色溶液，並在小
饅頭的頂部中央處點一下。

完美呈現日式甜點的必備工具

製作點心需要使用許多不同的工具。
其中最引人注目的，莫過於協助表現花鳥風月等形態時所使用的模具及烙印模。
一個個討人喜歡的可愛造型，讓人一頭栽進和風點心的世界中無法自拔。

壓模

用於半生甜點或羊羹等點心，可依個人喜好壓取想要的形狀。大多為黃銅製或不鏽鋼製，寒天或蔬菜若需壓取形狀，也會使用這項工具。壓模的選擇很多，從櫻花花瓣、楓葉、銀杏等季節性的植物，甚至是松竹梅、扇面等與節慶相關的題材，各種形狀應有盡有，連尺寸也一應俱全。還有許多形狀非常精巧細緻的模具，作工精良的模具甚至連接縫都看不出來。

塑形模

製作以寒天為主要材料，或是像水羊　這類必須一一定型的甜點時所使用的模具。除了傳統的陶瓷製模具，另外常見的還有不鏽鋼製及矽膠製的模具。由於常用於製作錦玉羹這類夏季時節的點心，故此類模具大多為水波紋、青楓、金魚等予人涼爽感或代表夏日風情的形狀。

烙印模

在饅頭或銅鑼燒等點心上烙印圖形時所使用的鐵製工具。使用時直接放在火爐上充分加熱，並以沾了水的濕布擦拭後，再將圖案烙印在點心上。烙印模的圖案非常多樣化，除了花與動物這類代表季節的經典圖樣，還有喜慶祝福等表達心情的文字圖樣的烙印模。只要製作一款模具即可一再重覆使用，因此也可享受訂製自創的圖樣或文字烙印模的樂趣。

乾果子

春之麗色

うららか

既可以用刀子切得工整漂亮，

也可以用手撕成一小塊一小塊，

享受隨興而為的樂趣。

在乾果子隨處可見的淡淡綠色，

讓人想起美麗的春色。

若要表示夏季時節的風情，

則可改成深綠色，同樣也十分美麗，

乾果子 春之麗色

◆材料（押壽司模具一組）

上白糖	70g
和三盆糖	15g
寒梅粉	55g
糖漿（請見下方解說）	1～2小匙
色粉（抹茶色、蛋黃色）	各少量

◆前置準備

· 製作糖漿

　將20g的水麥芽與20cc的水倒入鋼盆中，放入微波爐（600W）加熱20秒後取出攪拌混和，直到水麥芽完全溶解為止，然後將其放涼。

· 上白糖及和三盆糖要事先過篩備用。

· 將寒梅粉事先分成50g與5g備用。

· 色粉以少量的水溶解備用。

· 將烘焙紙鋪入壽司壓模（請參考P9頁）中備用（由於在按壓麵團時也會用到，所以要事先準備2張相同尺寸的烘培紙）。

◆作法

1

將白色的麵團與抹茶色的麵團疊在一起。

2

充分攪拌混合後，再加入和三盆糖並攪拌均勻。

＊糖漿的用量要依當日的氣溫、濕度調整。

3

由步驟2取10g放到另一個鋼盆內。一次加入一點點的抹茶色溶液及蛋黃色溶液，將其染成嫩草色，然後加入寒梅粉5g。用手掌使勁地揉捏，將兩者充分攪拌混合，最好先戴上手套以防手沾到顏色。

4

將寒梅粉50g加入步驟2剩餘的糖粉塊中，並用手掌使勁地揉捏將兩者充分攪拌混合後，以網眼較粗的篩網過篩到平盤上。過篩時可用手在篩網中捏碎或壓碎粉塊以協助過篩。步驟3的粉塊也要以網眼粗細相同的篩網過篩。

5

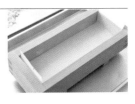

將步驟4的白色粉末取一半的量，填入事先備好的押模，以刮刀抹平後，鋪上烘焙紙，蓋上蓋子，接著平均施力用力壓緊蓋子。然後拿起蓋子及烘焙紙，倒入剩餘的糖粉，用刮刀抹平。

6

將步驟3已上色的嫩草色糖粉一點一點地撒在押模內的白色糖粉上。

7

鋪上烘焙紙，蓋上蓋子，平均施力用力壓緊蓋子，將押模內的糖粉完全壓平。

8

取出烘焙紙及蓋子後，靜置10～15分鐘。若輕輕地壓一下壓模的角落，內部的糖粉仍舊維持其原本的形狀，就慢慢地將整塊內容物取出，然後包上一層保鮮膜以避免乾燥硬化，再次靜置2～3小時。用手指試著輕壓乾果子成品的正中央，若未塌陷或崩解而是完整的一整塊，即可依個人喜好切割成合適的大小。

乾果子造型壓模

剩餘的糖粉，可以放入小型模具，壓製成不同形狀，十分有趣。

製作日式甜點的必備材料

日式點心的主要材料很單純，
因此成品美味與否完全取決於材料的好壞。
所以要好好磨練挑選材料的眼光。

《豆類》

紅豆
製作甜點不可或缺的豆類，為製作顆粒內餡及豆泥的原料。顆粒飽滿且圓滾滾又帶有光澤的豆子為上選。

白豆（白鳳豆）
菜豆的一種。由於外皮相當硬，因此必須浸泡一晚再煮。和日本大福豆一樣，主要皆用於製作白豆沙。

《砂糖》

上白糖
一般稱為白砂糖，用於製作大部分的甜點。甜度高，口感溫和，且易於溶於水中。

黑糖
由甘蔗的糖蜜熬煮後製成。大多以黑糖塊的方式販售，故使用前要先壓碎。甜度高，香氣濃郁，是製作黑糖蜜的材料。

細砂糖
顆粒較小，看起來晶瑩剔透。由於雜質較少，因此想要製作出清爽的甜味時，通常會使用此種糖。

和三盆糖
以日本特有的工法，從甘蔗提煉出來的一種顆粒較細的砂糖。特徵是含有適度的濕潤感，入口即化，為日本香川縣及德島縣的特產。

三溫糖
呈淡茶色，純度較上白糖低，口感溫和。因特殊的風味與較高的甜度，常用於製作口味濃郁的日式甜點。

黃砂糖
由於是取鮮榨的甘蔗汁所製作的糖，故含有蔗糖原有的風味。無論色澤或形狀都較黑糖更易於使用。

《甜味劑》

水麥芽
以根莖類或穀類等澱粉類作為原料，並利用糖化作用製成的透明液態甜味劑。使麵團富有光澤且口感溫厚。

蜂蜜
由蜜蜂採擷花蜜後產生。會隨花種不同而有不同的風味，用於日式甜點時會選用口感溫和的蜂蜜，常用於製作銅鑼燒這類點心的麵糊。

《寒天》

寒天條
將石花菜之類的海藻類植物煮到融化後，取其中的膠質並製作成固態的涼粉，接著再冷凍乾燥後即為寒天條。寒天溶液在室溫下即可凝固。

《由米製成的粉類》

上新粉
將白米洗淨瀝乾水分，以石臼研磨後過篩，再經過乾燥程序所製成的粉末。用於製作柏餅或日式醬油糰子。

上用粉
將白米洗淨、泡水、瀝乾水分，再以臼研磨過篩，最後再經過乾燥程序所製成的粉末。用於製作上用饅頭（山藥小饅頭）。製程與上新粉相同，但粉末的顆粒較細。

道明寺粉
先將糯米洗淨泡水，並於瀝乾水分後蒸熟，再將蒸熟的糯米飯充分乾燥後粗磨而成。常用於製作櫻葉麻糬或萩餅等日式甜點。

寒梅粉
將糯米蒸熟後製作成麻糬，再延展成薄片並烘烤成白色，最後再碾碎成粉末，即為寒梅粉。也稱為「味甚粉」。

白玉粉
將糯米磨粉浸水，再取其沉澱物乾燥製成的粉末。白玉粉製成的點心不但富彈性又帶有光澤，常用於製作糰子或求肥。

麻糬粉
將糯米洗淨乾燥後製成的粉末。風味十分溫和滑順。

《小麥粉》

低筋麵粉
麩質較少、黏性較低的低筋麵粉常用於製作日式甜點。使用時要選用較不帶濕氣的新粉，並充分過篩。

《方便混合粉》

水饅頭粉
將葛粉與寒天以一定比例混合而調製出來的粉。能夠輕鬆地做出口感順滑的水饅頭，是相當方便的日式甜點材料。

《澱粉》

本葛粉
是由葛屬植物的根部所提取出來的澱粉，特徵是冷藏後會呈現白濁的狀態。大多用於製作葛餅、葛饅頭等夏季的和菓子。以日本奈良產的吉野葛粉最為有名。

本蕨粉
由春季山菜的蕨類的根部所精製的澱粉。有其特有的黏性，常用於製作蕨餅。近年來因產量減少而成為稀有產品。

片栗粉
是由野草豬牙花的根部所提取出來的澱粉製作而成，現今則以馬鈴薯所製造的澱粉為主要原料。若當作手粉使用，麵團會變得較有光澤。

黃豆粉

烘烤過的大豆所磨成的粉。營養豐富，常用於製作萩餅及蕨餅。由於容易吸收濕氣，請盡量趁還有香氣時使用完畢。

抹茶

將特殊栽培法所栽種的茶葉嫩芽，以石臼磨成細粉製作而成。雖然烘焙用品專賣店也有販售，建議可在抹茶專賣店購買個人偏好的風味。

泡打粉

通常會選用蒸物專用的泡打粉，用於烤饅頭這類使用麵粉製作的點心。必須要與其他的粉類一起過篩，並均勻地混拌後再使用。

青大豆粉

青大豆烘烤過後所製成的粉，因為其鮮明的綠色而被稱為鶯麻糬粉。製作鶯麻糬時使用的就是此種青大豆粉。

肉桂粉

肉桂為一種香料。清甜的香氣帶點辛辣味，用於替點心增添風味。

小蘇打粉

碳酸氫鈉的白色粉末，當成膨鬆劑使用。常用於製作融合小蘇打粉風味的銅鑼燒等點心。

蕎麥粉

將蕎麥的果實研磨製成的粉末。其獨特的風味常被用來製作蕎麥饅頭或蕎麥餅乾等和風點心。

色粉

作為著色劑使用可添加的食用色粉，烘培坊買得到。溶於水顏色變淡，常用於製作櫻葉麻糬或練切麵團等。

無鹽奶油

未添加食鹽、烘焙專用的奶油。以烤箱製作的烤饅頭之類的點心，常使用無鹽奶油及雞蛋。

艾草乾

艾草的葉子乾燥後製成。用於製作艾草麻糬或艾草丸子等日式點心。

胡桃

剝除硬殼後的核仁，常作為製作點心或料理的材料販售。混拌在內餡中不但十分美味，還能增添口感。

竹葉

若買不到新鮮的竹葉，可以購買以鹽稍微醃漬過並以真空包裝販售的葉片，一樣十分方便。竹葉本身除了有防腐的作用。

槲櫟葉

槲櫟葉是製作柏餅時不可或缺的材料。葉子若曾經過乾燥處理，則必須先煮過以清除多餘的雜質；若為真空包裝的葉子，只要洗淨後即可使用。

黑芝麻

顆粒圓潤飽滿的國產黑芝麻為上選。一旦加熱後會產生獨特的香氣，常用於裝飾小饅頭，經研磨過後也常作為製作萩餅的材料。

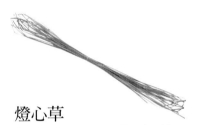

燈心草

用於製作草蓆的常見素材。使用前必須先將乾燥處理過的莖泡熱水，待其回復彈性後才能使用。用於綑綁粽子或是用來綑綁以竹葉包裹的點心。

鹽漬櫻葉

鹽漬過的櫻葉相較於新鮮的葉片，有著更明顯的香氣。以水將鹽分洗淨後，再製作成櫻葉麻糬等點心。櫻葉不但能增添香氣，還可以食用。

杏桃乾

杏桃去除果核並保留 15～20%的水分後所製成的果乾。存放時可以直接保存，也可以用糖蜜熬煮過後備用，十分方便。

大納言紅豆

以砂糖醃漬大納言紅豆所製成的日式甜點。通常用於練切的裝飾，或是作為浮島這類的添加物。紅色顆粒狀的豆子，看起來小巧可愛。

糖炒栗子

將栗子剝除外殼後，再以糖蜜熬煮。若選用市售的糖炒栗子，栗子味道的好壞會如實反應在製作完成的甜品上，請務必在試吃後慎選。

冰麻糬粉

將糯米碾碎煮熟，再倒入塑形盤後冷凍，最後再以紙包覆乾燥製成的粉末。常用作點心的裝飾素材，像是冬季甜點的霜雪等，就是冰麻糬粉。

台灣廣廈 國際出版集團
Taiwan Mansion International Group

國家圖書館出版品預行編目（CIP）資料

定格超圖解，不甜不膩的手作日式甜點：日本頂尖和果子專家教你，從內餡、
選皮到練切，蒸、烤、微波都可以，一次學會新手也不失敗的關鍵小細節！／
宇佐美桂子，高根幸子作；劉芳英譯. -- 二版. -- 新北市：蘋果屋，2021.03
　　面；　　公分.
　ISBN 978-986-99728-6-4（平裝）
　1.點心食譜 2.日本

427.16　　　　　　　　　　　　　　　　　　　　　110001061

蘋果屋
APPLE HOUSE

定格超圖解，不甜不膩の手作日式甜點

作　　者／高根幸子・宇佐美桂子　　編輯中心編輯長／張秀環・編輯／蔡沐晨
攝　　影／櫻井惠　　　　　　　　　封面設計／何偉凱・內頁排版／菩薩蠻數位文化有限公司
翻　　譯／劉芳英　　　　　　　　　製版・印刷・裝訂／皇甫彩藝印刷有限公司

行企研發中心總監／陳冠蒨　　　　　媒體公關組／陳柔彣
　　　　　　　　　　　　　　　　　綜合業務組／何欣穎

發　行　人／江媛珍
法 律 顧 問／第一國際法律事務所 余淑杏律師・北辰著作權事務所 蕭雄淋律師
出　　版／蘋果屋
發　　行／蘋果屋出版社有限公司
　　　　　地址：新北市235中和區中山路二段359巷7號2樓
　　　　　電話：（886）2-2225-5777・傳真：（886）2-2225-8052

代理印務・全球總經銷／知遠文化事業有限公司
　　　　　地址：新北市222深坑區北深路三段155巷25號5樓
　　　　　電話：（886）2-2664-8800・傳真：（886）2-2664-8801
郵 政 劃 撥／劃撥帳號：18836722
　　　　　劃撥戶名：知遠文化事業有限公司（※單次購書金額未滿1000元需另付郵資70元。）

■出版日期：2023年03月二版二刷
ISBN：978-986-99728-6-4

HAJIMETE TSUKURU WAGASHI NO IROHA
©KEIKO USAMI, SACHIKO TAKANE 2015
All rights reserved.
No part of this book may be reproduced in any form without the written permission of the publisher.
Originally published in Japan in 2015 by SEKAIBUNKA HOLDINGS INC,.
Chinese (in traditional character only) translation rights arranged with by
SEKAIBUNKA Publishing Inc.,TOKYO through TOHAN CORPORATION, TOKYO.
And Keio Cultural Enterprise Co., Ltd.